私の地方創生論

今村奈良臣［著］

農文協

はじめに

かねてより私は、「農業は生命総合産業であり、農村はその創造の場である」と説いてきた。そして、それを実現するためには、「トップ・ダウン農政からボトム・アップ農政への改革に全力をあげよう」とも主張してきた。これは、ひとえに農政だけではなく国政全般に共通する大命題であろう。

「過疎」という言葉が生まれて50年。この過程で三大都市圏への人の集中がすすみ、さらにここ10年は三極集中から東京圏一極集中へとめまぐるしく、かついびつな変容を日本列島は遂げてきた。これは日本の将来を構想するうえで決して望ましいことではなく、悲しむべきことである。

そうしたなかで今、「地方創生」が叫ばれ始めた。かつての「地方活性化」「地方再生」から「地方創生」へと看板の塗り変えがすすめられようとしている。しかし、看板の塗り変えでは決して新しい生命力は生まれてこない。これまで地方や農業、農村を疲弊させ、人口減少を促進させてきた政策やその看板の塗り変えでは、真の地方創生は決してできるものではない。

私の地方創生論の核心は、私が今から23年前に全国に向けて提唱した農業の6次産業化の理論とその実践の成果を踏まえつつ、「5ポリス構想」による地域創生を、構造論、政策論、運動論の三位一体による総合戦略を通して、農村の主体性と内発的発展力を基盤に創り上げようというものである。

「5ポリス」とは、本文で詳しく展開するつもりであるが、これまでの手あかにまみれた用語や概念を排し、ギリシャ語源にもとづく"polis"（ポリス）、すなわち（都市でもあるが、むしろ）拠点という斬新な考え方を導入したもので、「農の拠点」＝アグロ・ポリス、「食の拠点」＝フード・ポリス、「景観と生態系の拠点」＝エコ・ポリス、「医療・介護・保育の拠点」＝メディコ・ポリス、「文化・技能の拠点」＝カルチュア・ポリスという五つのポリスから成る構想である。この五つのポリスが総合的、包括的、体系的に充実されることにより、望ましい農業、農村の姿が実現されると考えており、東京砂漠の無味乾燥、かつ不安に満ちた巨大都市から移り住みたいと思う人びとも増えてくるであろう。

もとより、この5ポリス構想の実現のためには、総合的、包括的な政策体系と財政措置が不可欠であると同時に、地域住民、農民さらには地方自治体や農協をはじめとする多彩な農村諸組織の主体的努力と内発的発展力が必要不可欠となる。

しかし、この十余年にわたる私の全国の農村地域での実態調査のなかからは、この5ポリス構想を実現しているようなすぐれた先進事例を見出すことができる。それらの先進事例をすべて紹介することはもとよりできないが、本書で紹介する典型的先進事例を通じて、真の地方創生の路線を見出していただきたい。

2015年2月

今村　奈良臣

もくじ

第1章　私の地方創生論の核心
——5ポリス構想にもとづく「地域創生」を

5ポリス構想とは

地方創生を真に稔りあるものにするためには、明快な仮説とそれを実現するための手段と方法、そしてその実現に向けた主体的努力と多彩なネットワークの形成が不可欠である。さきに国会で成立した地方創生法ならびにその関連法をはじめとするさまざまな分野からの提案には、それらの構想力が欠如しているように思う。

私が構想し提案する地方創生の骨格を一言で表現するならば、「5ポリス構想」とそれを実現するための多彩なネットワークの形成である。

では、「5ポリス構想」とは何か。

「ポリス（polis）」とは、ギリシャ語源の都市、あるいは拠点ということを意味する言葉だが、「5

ポリス構想」はそれを援用した私の造語である。そして、5ポリスとは、「アグロ・ポリス」「フード・ポリス」「エコ・ポリス」「メディコ・ポリス」、そして「カルチュア・ポリス」のことである。

このように、あえてなじみの薄いような造語を用いたのは、これまで、地域活性化や農業・農村を対象に論じられてきた政策論や運動論あるいは構造論などを取り上げてみても、いずれの分野でも既成の用語や概念には特有の意味合いや背景が組み込まれていて、つまり手あかにまみれていることにかんがみ、まったく新しい視点と方法によって地域創生を考え実践するためには、新しい用語と考え方ならびに実践路線を用意する必要があると考えたからである。

そこで、以下順に5ポリスの内実と目指すべき方法の基本スタンスを述べておこう。

「アグロ・ポリス」とは、いうまでもなく農業の拠点である。農業就業人口の減少、高齢化の急速な進展のなかで、旧来からの慣習にとらわれずにそれぞれの地域にふさわしい新しい地域農業再生の路線を構築しようという意図を込めてアグロ・ポリスを提起した。

集落営農の組織化、農地の地域の合意にもとづく効率的な集積を基盤にした法人化の推進、高齢者の技能を生かした「大小相補」の路線の強化、土地利用型部門の徹底的合理化と新たな集約部門の導入とその組合せ、「老中青婦」の新しい結合と組織化など、私がこれまで調査してきた先進地域の姿を集約すれば、ここに示したような路線がすすめられており、こういう新しい方向性を示すのが「アグロ・ポリス」の姿である。

「**フード・ポリス**」とは、多彩な農畜産物あるいは林産物・水産物の加工や直売所をはじめとする販売戦略の開発、推進、展開など、私が23年前に初めて全国に向けて提起した「農業の6次産業化」の推進である。「地産・地食」を原点とするレストラン、食堂はもちろん、直売所活動も「地産・地消」の原点から、近年さらなる展開を見せ、消費者ファン、とくに都市のファンの求めに応じて「地産・都消」、その延長としての「地産・都商」へと進化している直売所も増えてきている。さらに加工品も非常に多彩になり、伝統的な加工品はもちろん、現代風の多彩な加工品、さらには消費者の高齢化にも対応して持ち運びの容易かつ調理に簡便な果物、野菜などのドライ・フルーツ、ドライ・ベジタブルが非常な勢いで伸びてきている。ここでは若者の先端技術と高齢者の伝統技術の結合がポイントになってきている。

「**エコ・ポリス**」とは、里地・里山の保全、農村景観の維持・修復、さらには豊かな水利・風力・太陽光などの自然資源の利活用を通じた現代にふさわしい生活・居住環境の整備、新しい時代にふさわしいグリーン・ツーリズムなどの実現である。都市から人びとが訪ねてみたい、さらには住んでみたいと思える景観と環境を農村につくろうではないか。

「**メディコ・ポリス**」とは、高齢化がすすむ農村に必要不可欠な医療・介護などの施設と、その多面的な活用をはかるための重層的なネットワークを実現することである。そのもっとも典型的かつすぐれた活動は、長野県の佐久総合病院を核としたそのシステムに学ぶべきことが多い。

最後の「**カルチュア・ポリス**」とは、どの市町村あるいは集落においても存在する歴史的な神社仏閣、あるいはそこにまつわる多彩な伝統芸能などの文化遺産、さらに都会にはない長年受け継がれてきた伝統技術、伝統技能、たとえば世界文化遺産とされた紙すきの技術、陶磁器にかかわる技術、多彩な木工技術等々、数えあげていけば無数とも言える技術あるいは技能、さらには各地で育まれてきた食文化など、多彩な文化を日本のどの地域でも長年にわたり育んできたその総体を指す概念である。それらに改めて現代の光をあてつつ、その伝統を将来に向けて生かす人材を都市からも迎え入れるとともに、新しい時代にふさわしい農村、都市交流の拠点をつくり上げる必要があるのではなかろうか。

「地域創生」に向け、正五角形を描いて地域を点検しよう

以上、5ポリスについて簡潔にその特徴を述べてきたが、この五つの要素のすべてに磨きをかけてきらりと光る地域をいかにつくるか、これが、私の――「地方創生」ではなく――「地域創生論」である（政府の言う「地方創生」は中央から見た上から目線であり、地域の主体、内発力を等閑視する危険性を内包していることに注意する必要がある）。

農村のどの地域でも、この5ポリスとして私が整理した要素は必ずもっていると思う。しかし、これまで必ずしも十分に光があたらず磨きがかけられず、あるいはまた地域の皆さんが、それぞれの地域のもっているすぐれたところに気付かずに、意識的、主体的にその新しい方向を推進してこなかったのではなかろうか。

まずは、正五角形を描き、その各頂点にこの5ポリスを置き、その頂点を10点満点として、自らの地域の現状は何点か採点してみて、どのようにすれば10点に近づけることができるか、地域の各階層——たとえば地域の住民、農民の皆さん、地域のリーダーの皆さん、さらには市町村行政担当者や農協などの農業団体の皆さんに採点してもらうことから始めてみてはどうであろうか。それらを集計しつつ、地域創生のためには5ポリスのどの部分の充実に力を入れなければならないか、そのためにはいかなる改革や活動をしなければならないか、さらに国や地方行政組織はどの分野で何をなすべきか、を問いかける、など地域住民の皆さんの自主的、主体的活動から、新たな地方創生は始まるのである。もちろん、地域の主体的活動のみではできにくいことは多い。そのために地方自治体——市町村や都道府県、さらには国は何をなすべきか、あるいは何をしないほうがよいのか、ということが明らかになるであろう。

こういう地域からの主体的活動のなかから真の地方創生＝地域創生は可能となると私は考える。

第2章　5ポリス構想を考えた背景と根拠
――食料・農業・農村政策の基本路線

前章で述べた私の地方創生論の核心、「5ポリス構想」の背景なり土台となった考え方を紹介しておきたい。あげればきりがないが、大きくは「農業生命総合産業論」「ボトム・アップの農政改革論」、そして、それに反する官邸主導型農政が近年強まっていることへの危惧がある。以下、ポイントのみ述べておきたい。

1　「農業は生命総合産業であり、農村はその創造の場である」

私は、旧農業基本法にもとづく最後の農政審議会会長を務めるとともに、1999（平成11）年7月に制定された新しい基本法である「食料・農業・農村基本法」にもとづく初代の食料・農業・農村政策審議会の会長を務めることとなった。そこで、99年9月、食料・農業・農村政策審議会の会長就任にあたり、農政審議会会長時代の反省も込めて、「食料・農業・農村基本法」の核心をも踏まえて、次のような食料・農業・農村政策に対する私なりの基本スタンスを、熟考のうえで腹に決めて、会長として臨むことにした。

1　農業は生命総合産業であり、農村はその創造の場である
2　食と農の距離を全力をあげて縮める
3　農業ほど人材を必要とする産業はない
4　トップ・ダウン農政から、ボトム・アップ農政への改革に全力をあげる
5　共益の追求を通して私益と公益の極大化をはかる

この基本の5項目をさらに各項目五つの小項目に具体的に示し、合計25項目にわたって、私の食料・農業・農村政策に対する基本スタンスを描きつつ、会長としての活動に臨んだ。もちろん、いうまでもないことだが、これらをすべて実現するようなことはできなかった。

さて、その第1項目の「農業は生命総合産業であり、農村はその創造の場である」については、次の小項目を提示していた。

(1)日本の土地と水を活かし、食料自給率45％への向上に全力を傾ける。

（2）国民に四つの『安』（安全・安心・安定・安価）の農畜産物・食料品を提供する（ただし「安価」とは「値ごろ感」のこと）。
（3）水と緑で国民に豊かな保養空間と保健空間を創る。
（4）都市・農村の交流をさらに深め、とくに青少年の農と食の教育力を培う。
（5）農村の伝統文化や先人の知恵の結晶を次世代に伝承し、豊かな心のよりどころを創る。

ご覧いただければおわかりのように、5ポリス構想（アグリ、フード、エコ、メディコ、カルチュア）の原型がすでに現れていることに気付いていただけると思う。

以上の各項目については、あえて解説の必要はないであろう。私なりに、「食料・農業・農村基本法」の全条文の精髄を捉え、農村の皆さんに私なりにわかりやすく実践可能な道を示したつもりである。しかし、なかでも強調しておきたかったことは、農村と都市との新しい交流、農村のもつ教育力、さらに伝統文化や農村のもつ知恵の結晶について学ぼうということである。食料問題、農業問題にのみ目が向かいやすく、農村のもつ価値についての視点が欠けやすいことへの警鐘を鳴らしたつもりであった。(1)

（注1）その経緯については、『農業白書』が50周年を迎えたことを契機に「年次報告50年を振り返って」を特集することとなり、それへの寄稿を依頼された。その折の全文を参考のために以下に掲げておく。上述したことと若干ダ

ブるが了解いただきたい。

〈参　考〉

回　想

今村奈良臣（元食料・農業・農村政策審議会会長）

私は旧農業基本法にもとづく最後の農政審議会会長をつとめるとともに、新しい食料・農業・農村基本法にもとづく初代の食料・農業・農村政策審議会の会長をつとめることとなりました。食料・農業・農村政策審議会の会長就任に当り、農政審議会会長時代の反省も込めて次のような食料・農業・農村政策に対する私なりの基本スタンスを決めて臨みました。

1. 農業は生命総合産業であり、農村はその創造の場である
2. 食と農の距離を全力をあげて縮める
3. 農業ほど人材を必要とする産業はない
4. トップ・ダウン農政からボトム・アップ農政への改革に全力をあげる
5. 共益の追求を通して私益と公益の極大化をはかる

この基本の5項目をさらに各項目5つの小項目に具体的に整理し、新しい食料・農業・農村政策の

確立に全力をつくすべく努力目標を自ら課すこととして臨みました。

農政審議会会長時代に「農業に関する年次報告」を2回、食料・農業・農村政策審議会会長時代に3回にわたる「食料・農業・農村に関する年次報告」いわゆる農業白書を決定・公表するとともに、第1回の「食料・農業・農村基本計画」の策定・答申を行いました。これらの歴史的意義に関する評価は国民の判断に委ねるほかありません。この時期、BSEの激発等食品安全問題への国民の関心は非常な高まりを見せ、それらへの対応に追われたことは記憶に新しいことです。また、この時期の画期的な政策転換として実現したのが、「中山間地域等直接支払制度」の確立でした。かつて私が『補助金と農業・農村』で提起したR・D・F（Rural Development Fund）構想が現実の農政改革の中で実現し、現在に至るも高い評価が与えられていることは感慨深いことです。

農政改革は容易ではないと実感してきた新旧2代にわたる会長としての回想です。

（平成22年度『食料・農業・農村の動向』〈『農業白書』〉、394ページ）

2 「トップ・ダウン農政からボトム・アップ農政への改革に全力をあげる」

本節のテーマはさきに示した私の農政への基本スタンスの第4項目に掲げたものであるが、これを別の表現にすれば「中央集権的画一型農政から、地域提案型創造的農政への転換を推進する」ということになる。農政の批判については、私なりにこれまで多くの論文で提示しつつ「地域提案型創造的農政を」と呼びかけてきたが、容易に改まる動きはこれまで見られなかった。

こうした状況のなかで、唯一刮目すべき改革として注目し、指摘しておかなければならないのが、1999（平成11）年に確立することになった「中山間地域等直接支払制度」である。この制度については周知のことでもあり、ここで解説することは省略するが、この制度の成立の背景にあるのは、この制度が実現するはるか20年前に、私が『補助金と農業・農村』（1978年、家の光協会刊、第20回エコノミスト賞受賞）で提起したR・D・F（Rural Development Fund）構想が現実の農政改革のなかで実現したことである。そして、「中山間地域等直接支払制度」はその後若干の改善などが施されながらも、今なお継続しており、中山間地域の維持、発展に多大な成果を上げていると見ることができる。

このような先進事例はあるものの、総体としては今なお、トップ・ダウン農政の姿に大きな変化は見られないように思う。もちろん中央農政当局を批判することも必要だが、農村地域からの提案型農政の姿がなお弱いというところにも大きな要因があろう。

そういうなかで、かねてより私は、農業補助金政策への批判にとどまることなく、現行補助金の実態を逆手に取って「逆さ傘」理論の実践を説いてきた。多種多様多分野にわたる（中央分権の）補助金を、傘を逆さにして（地方集権にして）受け止めよ、という提案である。しかし、もっとも重要なことは、その逆さ傘を通して受け止められた補助金を生かす主体、すなわちすぐれた農業経営主体、農業の6次産業化を推進する地域集団という主体をしっかり組織し、活力ある地域農業の多面的な発展を示さなければならないと説いてきた。いうならば、かつて私が旧著で展開した「中央分権・地方集権」の思想を実践型で説いたものである。

3　新基本法の基本趣旨から逸脱著しい昨今の官邸農政

私は東京大学で研究・教育に専心するかたわら、1985年から全国各地で自発的に農民塾、村づくり塾の塾長となり若い将来を担う農村青年たちを教育してきた。

さらに、この農民塾運動を私個人の活動からさらに組織的活動にすすめるよう故檜垣徳太郎氏（元農林事務次官、郵政大臣、全国農業会議所会長など歴任）の熱意もあり、91年に全国的運動として推進すべく㈶21世紀村づくり塾を創設、檜垣さんが塾長、私が副塾長となり、全国的運動へと展開してきた（なお、その後団体統合により現在は㈶都市農山漁村交流活性化機構となり、私は理事長を務めている）。この農民塾活動を通して、とくに次代のわが国の農業と農村を創り上げていこうという青年たちの意欲と希望、そして農政改革への要望を強く私の心に刻み込むことができた。

他方、私はどういう風の吹き回しかわからないが、若いときから、政府関係、農政関係の審議会の委員を務めさせられてきた。米価審議会委員、畜産振興審議会委員、農政審議会会長などのほか多数にわたった。そして、99年に新しい基本法である食料・農業・農村基本法が制定されるとともに設置された食料・農業・農村政策審議会の初代会長に任命されることになった。

ここで会長在任中にいかなる農政改革を行い、農政の推進を行ったかということについては、毎年出された「食料・農業・農村に関する年次報告」いわゆる農業白書に詳細にわたり記載されており、会長在任中に3回にわたり公表したので参照いただきたい。

会長に就任して、改めて食料・農業・農村基本法を熟読し、かつ、農民塾活動を推進している農村の皆さん、とくに次代を担う青年たちへの私なりのメッセージとして、食料・農業・農村基本法の核心を語るものとしてさきにあげた5本の柱に集約して説くこととした。

会長としての在任中、農政改革に全力をつくしたつもりではあったが、旧来からの農政システムの全面的改革は容易ではなかった。唯一ともいってよい斬新な改革は、前述した「中山間地域等直接支払制度」の創設である。画期的な制度で今に至るも高い評価が中山間地域はもちろん全国から寄せられている。最初の理論的提言から実に3分の1世紀を超えてようやく実現したということである。農政改革は容易でないとつくづく思う。

さて、2014年12月の総選挙は自公政権の圧勝に終わった。安倍政権は、農業・農村の所得倍増を掲げているが、「農村所得」の定義からして曖昧であり、キャッチ・フレーズのみがひとり歩きしているものでしかない。ついで米に関しては「減反廃止」さらに「行政による生産数量目標の配分に頼らずに推進」などと掲げてはいるが、その具体化に向けた方向は曖昧なままである。

いま一つの課題である「地方創生」も地方にとって、一見、心地よさそうな言辞が並べられているが、その本質や取り組むべき課題、その具体的方向は曖昧であるばかりか構想力に乏しく個々の政策片の並列にすぎない。農協改革も不当である。要するに官邸主導で強引かつ戦略なき戦術の連射であるように見えてならない。

食料・農業・農村政策の改革は、世界にも誇れる食料・農業・農村基本法に立ち返り、その条文に盛られた原則を実態に即しつつ体系化・具体化して推進するのが本道であろう。

第3章　〈増補〉農業6次産業化の理論

1　農業の6次産業化を考えた契機およびその理論の提起と確定
——足し算から掛け算へ

本書のキーワードの一つである農業の6次産業化をなぜ考えたか、ということから始めたい。

今から23年前、大分県の中山間地域に立地する大分大山町農協（現日田市大山町）の設立間もない農産物直売所「木の花ガルテン」を中心に、そこに出荷している農家組合員の生産・加工・販売に情熱を燃やしていた皆さん、そしてこの直売所に農産物などを買い求めてくる消費者の皆さんの活動や行動を、約1週間にわたって農家に泊めてもらいつぶさに調査した。そのなかで「農業の6次産業化」という理論が私の頭の中で生み出され定着していった。

前述のように当時、私は東京大学での研究と授業のかたわら、㈶21世紀村づくり塾（現在は㈶都市農山漁村交流活性化機構、愛称、まちむら交流きこうに改組）の福塾長として全国各地の村づくり塾、たとえば大分県の大分農業平成熟、福島県の三春農民塾、群馬県のぐんま未来塾、甘楽塾、長野県の東部未来塾などで塾生たちの指導に熱意を燃やしていた。そうした活動のなかで、この「農業の6次産業化」に全力をあげて取り組むべき理論が私の頭の中で定着していったのである。

「農業の6次産業化」を発想した当初は、次のように定式化した。

1次産業＋2次産業＋3次産業＝6次産業

この意味は次のようなことである。

近年の農業は、農業生産、食料の原料生産のみを担当するようにされてきていて、第2次産業的分野がある農産物加工や食品加工は、食料品製造関係の企業などに取り込まれ、さらに第3次産業的分野である農産物の流通や販売、あるいは農業、農村にかかわる情報やサービス、観光なども、そのほとんどが卸・小売業や情報・サービス業、観光業などに取り込まれてきた。このように外部に取り込まれていた分野を農業・農村の分野に主体的に取り戻し、農家の所得を増やし、農村に就業の場を増やそうではないかというのが「農業の6次産業化」である。

しかし、私は上記の、「1＋2＋3＝6」という定式化したものを3年半後に、

「1次産業×2次産業×3次産業＝6次産業」

と改めた。

このように改めた背景には、次のような、理論的・実践的な考察を深めたからである。

第一に、農地や農業がなくなれば、つまり0になれば「0×2×3＝0」となり、6次産業の構想は消え失せてしまうことになるということだ。

当時、バブル経済の後遺症が農村にも深く浸透しており、「土地を売れば金になる」という嘆かわしい風潮に満ちていた。とりわけ、この当時、農協陣営において、土地投機にかかわる融資などを契機に、膨大な負債、赤字を出す農協が続出していたことも、私の記憶に深く刻み込まれていた。

第二に掛け算にすることによって、農業（1次産業）、加工（2次産業）、販売・情報（3次産業）の各部門の連携を強化し、付加価値や所得を増やし、基本である農業部門の所得を一段と増やそうという提案を含んでいた。

第三に掛け算にすることによって、農業部門はもちろん、加工部門あるいは販売・流通部門さらにはグリーン・ツーリズムなどの観光部門などで新規に就業や雇用の場を広げ、農村地域における所得の増大をはかりつつ、6次産業の拡大再生産の道を切り拓こう、という提案をしたものであった。

こうして、「1×2×3＝6」という農業の6次産業化の理論は、その実践活動を伴いつつ、全国に広まっていったのである。

2 「6次産業論」の経済学理論による裏付け――ペティの法則について

6次産業というキーワードは、農業、農村の活性化をねらいとして、私が先進事例の実態調査を通じて分析・考察するなかから考え出し、世の中へ提唱したものであるが、「6次産業の理論的根拠は何かあるのか？」という質問を受けることがある。

実にもっともな質問で、理論的背景をしっかり押さえておいたほうが、仕事や活動のエネルギーの源泉にもなるので、この質問に答えておきたい。

6次産業というのは、決して単なる言葉遊びや語呂合わせではない。そこで、「ペティの法則」について論及しておきたい。

かつて、世界的・歴史的に著名な経済学者であったコーリン・クラークは「ペティの法則」を説いた。その主著である『経済進歩の諸条件』（大川一司他訳“The Conditions of Economic Progress”1940）ににおいて、コーリン・クラークは世界各国の国民所得水準の比較研究を通じて、国民所得の増大とその諸条件を明らかにしようとした。彼はこのなかで、産業を第1次、第2次、第3次の3部門に分け、

①一国の所得は第1次産業から第2次産業へ、さらに第2次産業から第3次産業へと増大していく。

②一国の就業人口も同様に第1次産業から第2次産業へ、さらに第2次産業から第3次産業へ増大していく。

③その結果、第1次産業と第2次産業、第3次産業との間に所得格差が拡大していく。

ということを明らかにし、それが経済的進歩であるということを提起し論証した。彼によってこの経済法則は、「ペティの法則」と名付けられたのである。では、なぜ「ペティの法則」と名付けられたのか。

ペティとはウィリアム・ペティ（William Petty 1623-1687）のことで、いうまでもなく経済学の創設者とされるアダム・スミスに先行する経済学の始祖であると経済学説史では位置付けられている。ペティは「土地が富の母であるように、労働は富の父であり、その能動的要素である」という思想のもとに労働価値説を初めて提唱するとともに、経済的諸現象について数量的観察と統計的分析を初めて行った偉大な経済学者であった。そのペティに敬意をはらいコーリン・クラークは「ペティの法則」と名付けたのである。

前述のように、第1次産業は農林水産業、第2次産業は鉱業、建築業、そして広範にわたる多彩な製造業、第3次産業は残りの非常に雑多なもので卸売・小売業などの流通部門、金融保険業、運輸業、情報・通信産業、多様なサービス産業部門、飲食・旅館・ホテルなどの観光産業部門など非常に多くの分野を含む。

こうした産業分類を前提としつつ、一国の経済全体（マクロ経済）の構造変化を100年以上にわたる長期の歴史過程の動態で捉えたのがペティの法則である。いうまでもなく、わが国においてもこの100年、とりわけこの50年の動態変動過程を捉えてみると、第1次産業部門の所得、就業人口などは急激に減少し、第2次産業さらに第3次産業部門が急激に増大してきた。欧米先進諸国はいうまでもなく日本と同様、あるいはそれ以上にペティの法則は貫徹しているといえる。

3　農業から生み出された付加価値を農村側に取り戻す

繰り返しになるが、近年の農業は農業生産、食品原料生産のみを担当するように仕向けられてきた経過があり、2次産業的な部分である農産物加工や食品加工は食品製造の企業に取り込まれ、さらに3次産業的な部分である農産物流通や販売、あるいは農業、農村にかかわる情報やサービスなども、そのほとんどは卸・小売業や情報サービス産業に取り込まれてきた。これを農業、農村側に取り戻そうではないかというのが、私の6次産業化の提案なのである。

このように、農業、農村側から付加価値と雇用が奪われてしまったことは政府統計からも明らかである。

平成17年度の飲食料の最終消費額（農林水産省試算）によると、日本国民全体の飲食料の最終消費額は約73兆6０００億円（１００％）であり、この内訳は生鮮品等が13兆5０００億円（18％）、加工品が39兆1０００億円（53％）、外食が20兆9０００億円（29％）であり、平成2年からの推移では生鮮品等の割合が6ポイント減少しているのに対し、加工品と外食の割合がそれぞれ3ポイント増加している。

また、最終消費額73兆6０００億円のうち、食用農林水産物の使用金額は10兆6０００億円であり、その内訳では国内生産相当分が9兆4０００億円、輸入相当分が1兆2０００億円と試算されている。

これらの数字が語っていることは、国内人口が減少し、高齢化がすすむなかでは、飲食消費が多様化し、加工食品や中食、外食への支出割合が高まっているということである。消費者は生鮮品としての農林水産物よりも、そこに付加価値のついた2次、3次部門への支出を増大させており、今後もその需要が高まっていくであろうことは否めない。

そこで、農業・農村側が主体的にこの部門の付加価値を少しでも確保し、雇用と所得を農業・農村側に創出していこうではないかというのが、6次産業化の基本的な考えなのである。

4　農業の6次産業化路線を「3×2×1」にしてはならない
――わが国農業・農村のすぐれた特質を活かす6次産業化を推進しよう

いわゆる政府による「6次産業化法」や「農商工促進法」の制定以来、農業6次産業化推進のための政策的推進・助成措置が多面的に講じられるようになってきた。しかしながらその実態の動向を注意深く見ていると、私の提起してきたような、「農業を主体・基盤とした6次産業化路線」ではなく、一言で斬るならば「3×2×1＝6」つまり、流通・販売企業等が中心となり、農産物等の加工企業をその傘下に従え押さえ込み、農畜水産業は単なる原料供給者の地位になりつつあるのではないかという憂慮すべき事態が進展しつつある。これは、きびしく警鐘を鳴らさなければならないと考えている。

ところで、私はかねてよりお隣の中国の農業、農村のあるべき方向について多彩な共同研究を長年にわたり積み重ねてきた。そのなかでももう15年前になるが、遼寧省瀋陽市において遼寧大学と遼寧省共催のシンポジウムで基調講演を行った折、農業の6次産業化にふれ、中国においても全力をあげて推進してほしいと話した。このシンポジウムで中国の報告者からの報告のなかで「中国も6次産業化を推進している」という報告があった。しかし、その6次産業化の内容を聞いてみると、日本流にいえば大商社ともいうべき「龍頭企業」が核になり、農畜産物の加工業者などをその足もとに組織し、さらにその加工業者などが農業生産者、農民を囲い込んでいるという実態の報告であった。

これらの報告を踏まえて総合討論に入った折、今でも鮮明に記憶しているが、当時の大連市の唐東升農業局長が「今村先生の言われる農業の6次産業化と中国からの報告のあった6次産業化はどう異なるのですか」という質問があった。私はそのとき、備え付けのホワイトボードに「私の6次産業化は1×2×3＝6で、中国報告のそれは3×2×1＝6で決定的に違います」と答えた。こういう中国の6次産業化の姿を日本では決してとるべきではないと警鐘を鳴らしておきたい。

日本農業はこの60年にわたる経済成長とその変動のなかで、多くの問題や課題を抱えているが、それをいかに克服し、新しい発展の展望を描くべきか。

わが国の農業・農村は次のようなすぐれた特質をもっている。

①農地は狭く傾斜地も多いが、四季の気象条件に恵まれ、雨量は多く、単位面積当たりの収量は安

定して高く、すぐれた生産装置としての水田をはじめとする諸資源には恵まれている。
②農業者の教育水準は高く、また、農業技術水準が高いだけでなく、応用力にすぐれた人材が多い。
③農業の科学化、機械化、装置化などの水準は高く、その潜在的能力を活かす道が重要である。
④階級・階層としての貧農は存在せず、一定の生活水準以上の安定的社会階層を形成している。
⑤歴史的に培われた村落・集落を基盤にした自治組織が形成され、また、地域に根ざした農業協同組合（漁業協同組合、森林組合も含む）が組織され、地域農業の発展や地域資源の保全と創造に大きく寄与してきた。しかし、農協は近年、合併に合併を重ね地域とのかかわりが希薄になりつつあり、その改革と新しい行動指針の策定、改革が大きな課題となっている。

さらに、農村人口の急激な減少と高齢化がすすんできているが、以上の5点を踏まえながら、地域の英知を傾けつつ、新たな展開、すなわち「地域農業の6次産業化」をキーワードに新時代にふさわしい展開を描かなければならないと考えている。

5　6次産業化が目指す基本課題

農業の6次産業化を推進し、確実な成果を上げ、成功の道を切り拓いていくための基本課題として、次の5項目を目標におき頑張ってもらいたい。

第一の課題　農山漁村の所得と雇用の場を増やし、活力を取り戻す

第一の課題は、消費者に喜ばれ愛されるものを供給することを通して、販路の確保を着実に伸ばしつつ、農山漁村地域の所得と雇用の場を増やし、それを通して農山漁村の活力を取り戻すことである。

第二の課題　消費者に信頼される食料品を供給する

第二の課題は、さまざまな農畜産物（林・水産物を含む、以下同じ）を加工し、販売するにあたり、安全・安心・健康・新鮮・個性などをキーワードとし、消費者に信頼される食料品などを供給することである。

第三の課題　企業性を追求し、収益ならびに所得の確保をはかる

第三の課題は、農畜産物の生産ならびにその加工、食料品の製造にあたり、あくまでも企業性を追求し、可能な限り生産性を高め、コストの低減をはかり、競争条件のきびしいなかで収益ならびに所得の確保をはかることである。

第四の課題　環境の維持・保全・創造に努め、都市住民にも開かれたものに

第四の課題は、新たなビジネスの追求にのみ終わるのではなく、地域環境の維持・保全・創造、とくに緑資源や水資源への配慮、美しい農村景観の創造などに努めつつ、都市住民の農村へのアクセスの道、新しい時代のグリーン・ツーリズムの道を切り拓くことに努めることである。

第五の課題　農業・農村の教育力や先入の知恵で次世代を育てる

第五の課題は、農業・農村のもつ教育力に着目し、農産物や加工食料品の販売を通し、また、都市農村交流を通し、先人の培った知恵の蓄積、つまり村の生命を、都市とりわけ次代を担う若い世代に吹き込むという都市農村交流の新しい姿を創り上げることである。

6　「地産・地消・地食・地育」の太い路線をつくり、推進しよう

農業の6次産業化は、別の表現で言うならば、「地産・地消・地食・地育」と表現することができる。わが国の47都道府県では「食」の姿が非常に異なるだけではなく、同一県内でも地域や立地条件により食の姿、食の味、食の材料等は非常に異なる。ぜひ、農山漁村文化協会から出版されている『日本の食生活全集』（全50巻）をひもといてほしい。

47都道府県の「食」について各県ごとに『○○県の食事』という形で刊行されているが、県間はもちろん、県内各地の山間部、平野部、沿海部というように立地により食文化が大きく異なることがわかる。この『○○県の食事』は戦前昭和初期の各地域の代表的な食事を、当時実際につくったおばあ

ちゃんたちに再現してもらい、写真で表現し、レシピを揃え、その味や食べ方に至るまで詳しく紹介してある。一度本書をぜひ手にしてもらいたい。

東日本大震災の酷寒の中、被災者の皆さんも地域の伝統食とその味に接したときに嬉し涙をこぼし、元気が出たといわれている。私たちにはそれぞれの地域の食と味がＤＮＡを通して脈々とつながっているように思う。

そういう観点からも、「食育」の重要性を強調したい。次代を担う子どもたちにいかに地産・地消・地育を伝えていくか。学校給食のみならず、家庭の食を通じて「食育」についていま一度考えてほしい。

私が6次産業化の理論を考えついた大分大山町農協の直売所に併設されたレストランでは、「シェフ」（料理人）を雇うかわりに「シュフ」（主婦）、つまり地元の農家の主婦に多彩な料理をつくってもらっている。もちろん現代的料理もあるが、50種類以上ある料理の主力は地元の伝統料理である。福岡、大分、北九州などの都市部から来た人たち、とくに女性の皆さんがこぞってその伝統料理を楽しんで、いつも満員の盛況である。「地産・地消・地食・地育」について6次産業化を通じても深めてもらいたい。

さらに付け加えておけば、大分大山町農協の木の花ガルテンでは、「地産・地消」をさらにすすめて「地産・都消」さらに「地産・都商」へとその路線を展開してきている。福岡、大分、別府あるいは日田という都市部の消費者の木の花ガルテンファンの要望にこたえるため、大山町農協から朝8時に保冷車で発走し、各都市に設けた木の花ガルテンの支店ならびにインショップに10時の開店に間に合うよう直送している。木の花ガルテンファンの要望に応えるだけでなく、大分、福岡ではレストランも開業して、いつも満員の盛況であることも付け加えておきたい。

7 損失最小・収益極大――〈3：3：3：1〉の販売戦略

6次産業化による農業経営の発展と安定のためには、すぐれた販売戦略を確立することが不可欠である。販売戦略の考え方としては「3：3：3：1の原則」を提案したい。これはすべてを合計すると10（100％）となるもので、数字は3割、3割、3割、1割の比率を示したものである。

農産物販売の基本原則は、リスクを分散し、損失を最小限に食い止め、生産者の販売収入の極大化をいかにはかるかにつきる。その具体的方策として、売り方、売り先などを3割程度ずつに分散しながら、損失を最小にし、収益の極大化をはかる販売戦略である。販売先を一か所に集中させずに複数の売り先をもち、状況に応じてその割合を変えることで、農業経営のリスク分散をはかるという発想である。この発想は先進的ＪＡであるＪＡ富里市の前仲野隆三常務、そして現場の農業者の行動を詳細に調査するなかから教えを受けたものであるが、これをかみ砕き、私なりに整理したものを解説してみたい。

①３割は直売・産直による「生産者の顔の見える売り方」

最初の３割は、直売所や産直などの方法で、生産したものを自ら直接消費者に売ることである。これには、個々の消費者に直接販売するだけでなく、生協や各種宅配便のほか、地産地消活動の一環として地域のレストラン、宿泊施設、学校、病院、事業所等へ納めることも含まれる。とくに、これからは地産・地消・地食の素材として、地域内のさまざまな需要を掘り起こし、地域に居住する人びと、とくに高齢者世帯、地域を訪ねる人びとにいかに消費してもらうかが大事になっている。

つまり、最初の３割は生産者の顔の見える売り方であり、ここで、消費者から生産物の評価を直に聞くことが、次の生産活動に向けてとても大切なのである。

②３割は加工や契約栽培で「付加価値をつける」

次の３割は、農林水産物の加工を自らの経営内やグループ内で行うことや、加工業者への原料供給や契約栽培である。農林水産物には市場価格の変動が必ずある。暴落した場合には市場に出しても損失がかさむが、加工に回して付加価値をつけ、時期をずらして販売につなげることで、市場販売より有利な成果が得られるであろう。ここで自ら生産したものを自ら加工する6次産業化によって、より収益を高められる可能性も出てくる。6次産業化によって、市場価格の変動リスクをある程度吸収できるだけでなく、より多くの付加価値をつけて販売することができる。また、経営内で労働力の有効活用（周年雇用）もできる。

もちろん、自分の経営で加工しようとしても技術力や販売力がなければ、かえって損失を招く危険もある。その場合には、一定量を一定価格で信頼できる加工業者と契約や協定を結ぶことで経営の安定につながる。

③「安定を求める」市場出荷で3割

これはいわゆる市場流通である。JA共販による系統出荷や出荷組合を組織して卸売市場に出荷、販売する方式である。成長する農業経営体の多くは、市場出荷と独自ルートの販売先をもった経営・販売戦略を立てている場合が多い。ただ、市場出荷はそれなりに安定しているが、顔の見える販売でないため、自分で販売先を開拓したり顧客ニーズをつかみ取ったりする面白味はない。が、市況が高騰しているときに、大胆に市場に売り込むこともできる。

④1割は試作で「将来的な需要変化を探る」

最後の1割は、将来に向けての消費者ニーズの変化を読み取りつつ、さまざまな新品種の試作を行い、その反応を分析して将来の需要に備えることを怠らないことである。わかりやすくいうと、作付面積の1割程度はつねに新たなチャレンジにあて、テストマーケティングを行い、需要変化の方向を探り、可能性が見出せた段階で思い切って作付けを増やし、あるいは加工農産物を増やし、先駆者利益を上げるという戦略である。新品種、新加工品などの大規模導入は一般的にリスクが高いが、こうした試作を通じ、市場動向、消費動向をつねに探っていくことが大切である。

以上の3：3：3：1の原則は販売戦略の基本を述べたものであって、実際にどのような割合でいくかは、それぞれの経営判断となる。「5：2：2：1」の場合もあれば、「3：1：5：1」であってもよい。要は自らの経営内容にあった方式を選ぶことが重要で、その応用力が大切である。この発想を直売所はもちろん、JAの営農企画、販売部門の担当者、責任者にもぜひとも考えてほしいと強調しておきたい。

第4章　6次産業ネットワークと5ポリス形成の先進実践事例

——世羅高原6次産業ネットワークの分析と考察

1　世羅町の概観——ネットワーク活動の前提条件

(1) なぜ、世羅町か

広島県世羅郡世羅町は広島県中央部にある中山間地域の農村であり、農業を除けば取り立てて注目するような産業はない。

なぜ私はこの世羅町に注目し、これからのわが国の農村の目指すべき一つの典型として取り上げようとしたか。一言に集約すれば「世羅高原6次産業ネットワーク」(以下「6次産業ネットワーク」とする)を核とした十余年にわたる活動を通して、世羅町全域が生き生きとした活力に満ちているからであり、わが国の他の農村地域の目指すべき将来像を提起し続けてきたと考えたからである。

「大小相補」ともいうべき多彩な農業の姿、その農業も米・麦・大豆の生産に象徴される水田農業だけでなく、ナシやブドウに代表される果樹農業、養鶏、酪農などの畜産、そして多彩な野菜生産、さらに多彩な花づくりを通したいわゆる観光農業など農業部門だけでも多彩である。これらの農畜産部門で生産された農畜産物を多彩な姿に加工する食品産業部門やレストランなどの展開、さらにそれらの生産物、加工品などを販売する農畜産物直売所の活動や瀬戸内海諸都市の消費者に向けたインショップ方式の直販事業の展開。さらに、これらを基盤とし背景として展開される斬新なグリーン・ツーリズムなど。さらに加えて、全町農村公園化を目指した運動。かねてより私が提起し展開してきた「農業の6次産業化」に向けた多彩な展開がそれぞれの経営体の「ネットワーク」という姿をとりつつ、全町域にわたって展開しているのである。

さらに、これらの活動に加えて「公立世羅中央病院」(正式名称は、世羅中央病院企業団公立世羅中央病院)を核に、子育て支援から高齢者介護・在宅介護システムなどのネットワークもできている。

このように、世羅町を舞台にした私の構想する5ポリス構想にもとづく農村地域づくりの姿が展開しているのである。

そこで、改めて以下、実態を踏まえて分析をすすめていきたい。

なお、6次産業ネットワークの創立12周年を記念して『世羅高原6次産業活動記録集』(世羅高原6

次産業ネットワーク・世羅高原6次産業推進協議会発行）が2012年3月に刊行されており、これにより12年に及ぶネットワークの歩みとネットワークを構成する63団体の姿と全容を知ることができる。

（2）世羅町の地形的特質

世羅町は広島県世羅郡の旧世羅町、旧甲山町、旧世羅西町の3町が2004年10月に合併して生まれた。地理的、地形的には、瀬戸内海に流れる芦田川水系と日本海に流れる江の川水系の源流域にあり、中国山地の中央部に位置する（図4－1）が、なだらかな山々に囲まれた歴史の古い町である。人口は1万7910人、世帯数6725世帯（2011年9月末現在）。標高350mから452mの間に耕地が開け、農家1戸当たり耕地面積は平均1・3haである。

しかし、農業の特徴を知るうえではその地形的特質にふれておかなければならない。町のほぼ中央に「世羅台地」があり、その麓、周辺部に水田を中心とする旧来からの集落が展開している。

図4-1　世羅町の位置

世羅台地を中心に、戦後、農地開発が盛んに行われた。昭和20年代の緊急開拓に始まり、県営開拓パイロット事業、さらに1977（昭和52）年からの国営農地開発事業により357haの農地がつくられた。この国営開発農地には地元や県外から38の農場が入植、定着し、ナシ・ブドウなどの果樹、トマトなどの野菜、花農園などの大規模農場が活躍している。そのすぐれた農場の典型事例は後に述べることにする。

他方、台地下の旧集落は後に述べるように水田農業を基本としてきたが、水田基盤整備率は70％近くに達し、多様な形の集落を基盤として集落営農、その発展型の集落農場化、法人化が急速にすすみ、その組織率は広島県下のトップに位置するようになっている。詳しくは後で考察する。

（3）世羅町の交通条件

世羅町の幹線道路網は、国道184号が南北に、国道432号が東西に走り、この国道と交差する形で主要地方道6路線、一般県道8路線が整備されている。さらに2015年3月に全線開通する高速道路（尾道～松江の、中国横断自動車道尾道松江線）により尾道市、瀬戸内へのアクセスが便利になり、また広島空港へは広島中央フライトロードの整備により、アクセスは便利になってきている。こうした道路整備により6次産業ネットワークの活動も一段と整備されたように見られる。

（4）世羅町農業の現状

世羅町の農業の概況を表4－1に整理して示した。専業農家率は18％と高いようであるが、これには高齢専業農家もかなり多いと思われる。1戸当たりの農地面積は1・3haと西日本にしては大きいが、後に改めて見る世羅台地の大規模農業経営の姿や集落営農の組織化・法人化を考慮すれば、1戸当たり平均規模のもつ意味は薄い。水田の基盤整備は西日本の動向から見れば70％と高くなっており、また樹園地（果樹が中心）の比率が高いのも特徴である。

農業生産額は105億円、畜産が半ば以上を占め、野菜や果樹の比率が稲作に比べて相対的に高くなっているが、これらは農業の6次産業化と大いにかかわってくるので、後に改めて考察を深めてみたいと思う。

表4-1　世羅町農業の概況

農家数	2,826 戸
専業農家	518 戸（18％）
耕地面積	3,650ha（農家 1 戸当たり 129.1a）
水田面積	3,030ha
基盤整備	2,410ha（整備率 69.1％）
畑面積	387ha
樹園地面積	209ha
農業生産額	105 億 5000 万円
稲作	22 億 4000 万円（21.2％）
野菜	15 億円（14.2％）
畜産	56 億 5000 万円（53.6％）
果樹	6 億 5000 万円（6.1％）

出典：世羅町資料より。

2　世羅高原6次産業ネットワークの現況

（1）6次産業ネットワーク会員の現況

表4－2に掲げた一覧表は、6次産業ネットワーク事務局の整理した、2011年6月現在の会員の一覧表である。どのような順序で並べられているかは定かではないが、おもな産品や活動内容などを見る限り、果樹や畜産物、野菜を生産する農場もあり、花観光の農園もあり、農産物加工を行う事業所もあり、農産物直売所などもある。また世羅高校などの学校もあり、尾道市農協などもあって、ともかく6次産業ネットワーク会員は多彩である。

これらを以下でアグロ・ポリス、フード・ポリス、エコ・ポリスというように、私なりの論旨に従って整理しつつ、その活動の位置付けを行っていくことにする。

（2）アグロ・ポリスにあたる会員

この表4－2に示した会員一覧表のなかで、(アグロ)印を付したものが、私の規定するアグロ・ポリスに相当する会員と考えてよいであろう。

しかし、これら37の経営体は、その多くが農産物あるいは畜産物、菌茸《きんたけ》類の生産を行っているだけ

表4-2　ネットワーク会員名簿（平成23年度）

No.	会員名	代表者	主な産品・活動
1	（農）世羅高原農場 エコ	吉宗　誠也	観光（チューリップ・ひまわり・ダリア・ダイコン）
2	香山ラベンダーの丘 エコ	黒瀬　哲美	観光（ポピー・ラベンダー・コスモス），ブルーベリー摘み取り
3	ラ・スカイファーム エコ	石井 倫太郎	観光（菊桃祭り・梅もぎ・クリひろい）
4	（農）世羅幸水農園 アグロ	前　環	世羅梨直販，観光（ナシ・ブドウ・イチゴ・スモモ）
5	寺岡有機農場（有）アグロ	坂本　詩郎	有機野菜直売（サラダゴボウほか・調味料）
6	世羅生活研究グループ連絡協議会 フード	佐古　淳子	夢小判・ふるさと小包・みそ・山菜加工品
7	大見ふれあい市場企業組合 フード	廣山　松夫	産直市場（野菜・米穀類・果物・花卉・花苗・加工品・手打ちそば・手打ちうどん）
8	四季園にしおおた企業組合 フード	内海　一男	産直市場（野菜・米穀類・果物・花卉・花苗・加工品・くん製卵など販売）
9	特産品センター　かめりあ フード	宮本　真弓	加工販売所（餅・みそ・かりんとうほか）
10	花夢の里ロクタン エコ	川尻　寿義	花観光（芝桜）
11	せらにし花園 エコ	田村　憲治	花壇苗
12	世羅高原ファームランド　ドナ フード	岡田　健二 岡田　典子	ジェラート・ヨーグルト製造販売所，乗馬体験，ふりふりバター体験
13	（協）甲山いきいき村 フード	橋川　正治	産直市場（野菜・米穀類・果物・花卉・花苗・手工芸品・加工品販売・手打ちそば）
14	（有）世羅きのこ園 アグロ	本池　朋美	松キノコ・松ナメコ
15	世羅農芸 アグロ	兼丸　一美	竹炭・竹酢液・竹工芸品・木炭・木酢液
16	県立世羅高等学校 エコ	藤井　彰二	バイオによるささゆり・さぎ草栽培
17	尾道市農業協同組合　世羅営農センター フード	上中　恭男	米・茶・酒・アスパラガス
18	サンファーム畑中 アグロ	畑中　里隆	花鉢苗

（表4-2のつづき）

No.	会員名	代表者	主な産品・活動
19	（有）世羅向井農園 アグロ	向井　彰	観光（リンゴ・ブドウ・ミディトマト・サクランボ・モモ・洋ナシ直販）
20	（農）世羅大豊農園 アグロ	祢宜谷　全	世羅梨・スモモ・ブドウ直販，観光（ナシ・オーナー制）
21	フラワーパーク世羅ふじ園 エコ	梶川　耕治	花観光（藤・しゃくなげ・牡丹桜）
22	グリーンミスト アグロ	郷坪 康二郎	花苗の生産・販売
23	フレッシュかも フード	後藤　辰子	青空市・餅・コンニャク
24	（有）美波羅農園 アグロ	安井　礼子	バラの直販
25	（農）サングリーン世羅 アグロ	久井　幹男	米・焼き米・トウモロコシの直売
26	（農）太平牧場 アグロ	佐古　淳子	竹炭・堆肥・花の土・ブドウ
27	ジパング（有）元氣ベーカリー フード	行田　松実	天然酵母パン・発芽玄米の加工，販売
28	世羅高原自然派工房 エコ	後　由美子	小枝クラフト・体験
29	景山農園 アグロ	景山 千恵美	ブルーベリー・ブドウ・その他果実
30	せら福寿園 アグロ	安石　勉	世羅茶・米
31	かめ亀ぶどう園 アグロ	亀田　和登	根域制限栽培ブドウ・つつじ・サツキ・山野草苗木
32	るり園キクコ アグロ	光元 喜久子	根域制限栽培ブドウ・餅加工品
33	（有）ゆう食品 アグロ	吉宗 八栄美	卵
34	（有）世羅ゆり園 アグロ	風呂元　貢	ゆり・切り花・球根
35	大元ライスセンター アグロ	井上　信行	米
36	八田原グリーンパーク エコ	（株）不二ビルサービス福山支店　野見山	体験スクール・キャンプ
37	峠の駅・こがね餅 フード	梶川 富美子	餅・ちらし寿司・うどん
38	有光農園 アグロ	有光　哲則	野菜
39	（農）アグリテックあかや アグロ	永田　英則	米・漬物
40	（農）さわやか田打 アグロ	坂口　義昭	加工品
41	龍田エビネ園 アグロ	龍田　政明	エビネのバイオ増殖，販売
42	（有）重永農産 アグロ	作田　博	米・野菜
43	（社）みつば会 エコ	下久保　薫	EMぼかし・EMせっけん・クッキー・天然酵母パン

（表 4-2 のつづき）

No.	会員名	代表者	主な産品・活動
44	（農）くろがわ上谷 アグロ	年宗　守男	米
45	（有）津口ファーム アグロ	門田　和晴	卵
46	世羅菜園（株）アグロ	兒玉　眞德	トマト
47	大室自然農園 フード	大室　一宏	みそ・米・ゆずみそ・玄米餅，みそ造り体験
48	世羅高原新鮮組 アグロ	沖田　正治	野菜・米・雑穀
49	楽華生 アグロ	生田　秀昭	花苗・野菜・加工品
50	工房　木楽人 エコ	森川　敏彦	木工芸品
51	せらブルーベリーガーデン エコ	原田　亨	体験型観光農園（ブルーベリー・木苺類），レストラン
52	（農）聖の郷かわしり アグロ	川邊　澄男	アスパラガス・乾燥野菜・漬物・コロッケ
53	祢宜谷果樹園 アグロ	祢宜谷　全	ナシ・スモモ・モモ・カキ・リンゴ
54	こだま試験農場（株）アグロ	栗原　武志	多種野菜栽培，加工，乾燥
55	（株）ペアルネサンス世羅梨農園 アグロ	豊田　弘美	モモ・ナシの栽培，販売
56	くんえん工房　香豚 フード	田中　一裕	手づくりベーコン
57	坂本農園 アグロ	坂本　弘	米・野菜・花木販売
58	（有）こめ奉行 フード	立石　和子	米穀・加工品販売
59	（農）くろぶち アグロ	長久　信	米穀・餅・加工品販売
60	土屋農園 アグロ	土屋　文保	ブドウ・原木シイタケ
61	ヤンマーファーム〈ヤンマーアグリイノベーション（株）〉アグロ	橋本　康治	ホウレンソウ・キャベツ・玉ネギ・ニンジン・ジャガイモ
62	おへそカフェ フード	代田　京子	小麦栽培・パンづくり・地場産カフェメニュー・コミュニティカフェ・農体験・田舎体験
63	千の緑農園 アグロ	下原 三千兢	野菜・原木シイタケ・育苗・山羊牧場・山菜園

注：会員名のアグロ印はアグロ・ポリス，フード印はフード・ポリス，エコ印はエコ・ポリスに該当する会員である。
資料：『世羅高原 6 次産業活動記録集』より筆者作成。

でなく、後に典型事例の分析で示すように、自ら加工や販売などを行っている場合が多い。その点を考慮しつつも、一応、アグロ・ポリスの概念にあてはめてみたのである。

(3) フード・ポリスにあたる会員

フード・ポリスにあたる会員には、表4－2でフード印を付した。フード・ポリスについては、私の定義は、農畜産物の加工、そして販売（たとえば直売所など）、あるいは料理・飲食の提供などの食堂・レストランなどかなり広い分野を含むと考えている。

会員のなかで、14経営体がおおむねフード・ポリスにあたると考えられる。なお、県立世羅高等学校は、後に紹介するように「世羅っとした梨ランニングウォーター」というスポーツドリンクの開発に参加、協力しているが、とりあえずここでは除外し、次のエコ・ポリスに分類することにした。

(4) エコ・ポリスにあたる会員

表4－2でエコ印を付したのが、エコ・ポリスにあたる会員である。エコ・ポリスというのは地域の多彩な環境資源・保全に参加・協力している会員、あるいは花観光農園の活動を通して新しい時代にふさわしいグリーン・ツーリズムなどの広範な活動を行っている会員をここでは分類した。エ

コ・ポリスに該当するのは12経営体ということになろう。

もちろん、これまでも折にふれ述べてきたように、アグロ・ポリスとフード・ポリスとの間に厳密には線が引きにくいこと、あるいはエコ・ポリスとアグロ・ポリスあるいはフード・ポリスとの間にも線が引きにくいところがあるように思われる。

しかし、重要なことは、以上のように6次産業ネットワークに組織された経営体がネットワークを組みつつ、「大小相補」の関係あるいは異質の経営体との共同活動などを通じて、世羅町全体に活力をもたらしているところである。

（5）6次産業ネットワーク会員の、経営体としての活動と、運動体としての活動
――構造分析と運動分析との両面からの考察の必要性

以上、私の仮説として提示した5ポリス構想にもとづきつつ、6次産業ネットワークを構成する63団体について、それぞれアグロ・ポリス、フード・ポリス、エコ・ポリスという類型に従って一応の分類を行ってみた。このように分類したうえで、会員のそれぞれの類型ごとにまず経営体としての特質を明らかにしつつ、その経営体としての活動が、いかに6次産業ネットワークの活動に結び付いているのか、さらに世羅町という地域全体の活性化にいかに結実しているのか、さらに町外都市地域の

市民や住民との多彩な連携や寄与を果たしているか、などの点に考察を深めてみなければならないと考えている。そこでまず、アグロ・ポリスに分類した経営体の活動について、代表事例・典型事例の考察をすすめよう。

なお、さきに指摘したように、世羅町の農業は、世羅台地の開拓事業対象地域と、台地下の旧来からの集落地域の農業の姿はまったく異なるので、それぞれ別途に考察をすすめることにする。なお、以下考察の対象とする農業経営体などについては、詳細なデータがあるが、ここではその経営の要点のみを摘記するにとどめざるを得ない。

3　世羅町の代表的農業経営体（アグロ・ポリス）の分析と考察

(1)　世羅台地に展開する多彩な農業経営体

前述したように、世羅町の農業を概観すると、世羅台地に展開する農業経営体と、台地下に展開する旧村地域の水田を基盤とした農業とは、まったくといっていいほど異なっている。そこで、まず世羅台地に展開する農業経営体の代表事例・典型事例を紹介、分析したい。

農事組合法人世羅幸水農園（代表者　前　環）

創設は1963（昭和38）年4月と世羅台地のパイオニア的な存在。構成員20戸、1戸1組合員制の完全協業。家族従業員男性28人、女性14人。正規従業員25人、臨時・技能実習生7人、合計74人。出資金9626万円（組合員20人平等出資）。

栽培面積58・9ha（うち幸水30ha、豊水22haが主力）。ブドウ3・8ha（生食用1・2ha、ワイン醸造用2・6ha）、イチゴ12a、その他果実3ha。

ナシは三水（新水、幸水、豊水）など赤ナシが中心。土づくりを基本に無袋有機栽培、防霜ファン、防蛾灯などを導入し、安全・安心を基本に栽培に取り組み、消費者からの支持は厚い。ナシの生産量は約1000t。ブドウ・イチゴなどの作物も、生食・加工用と併せて、観光摘み取り園としての活動も近年すすめてきている。とくにブドウは生食用・摘み取り用と併せて、地元「せらワイナリー」に原料を供給するため近年栽培を拡大している。

販売については、ナシの約60％を関西、広島、北九州の各市場に出荷するとともに、40％を直売をはじめ多様なルートを通じて地元で販売している。

とくに98（平成10）年以降、多様な補助事業（経営基盤確立農業構造改善事業、農山漁村地域活性化総合支援事業などの活用、私の説く「逆さ傘」の論理である）を導入、活用して、世羅幸水農園直営の農産物加工施設や直売所「ビルネラーデン」を開設、自農園産の果実や多彩な加工品、周辺地域の多彩な農畜産物なども販売している。つまり、世羅幸水農園自体で「農業の6次産業化」を実践、実現しているのである。

また、ナシ樹1本ごとのオーナーを募集し、各自が家族で農園を訪れ収穫を楽しむとか、ブドウやイチゴ狩りなど多彩な販売方法を交えながら消費者との多彩な交流に力を入れている。

さらに、町民に地元農業や伝統文化などへの理解を深めてもらうため、小・中学校などと連携し、ナシの年間農作業体験を実施、ナシづくり、ブドウづくりなどを通して、農業の歴史と魅力、大切さ、苦労などを学ぶ機会を、この農園の自主活動として提供している。また「世羅高原夢まつり」では、この農園が会場の一つとなって多彩なイベントを開催、6次産業ネットワーク会員と共に消費者、来場者との交流を盛大に行っている。また、生協組合員との交流、ナシ狩りや農業体験も実施している。

なお、本農園は、69（昭和44）年度の朝日農業賞中央表彰受賞集団である。私は70年から朝日農業賞中央審査委員になったが、私の就任前年のこの集団の表彰調書を読み、その集団活動・共同活動を通じたすばらしい農業経営の確立と地域に及ぼしつつあったその指導精神にいたく感激したことを昨日のことのように覚えている。

世羅菜園株式会社（代表者　兒玉 眞德）

まず、この農場の歩みから見ておこう。

2000（平成12）年3月、有限会社世羅菜園設立。栽培技術者2人を半年間オランダに派遣、新しい栽培・管理技術の確立に努めた。そしてトマト専作の農場として出発。01年7月、3haの施設でカゴメ株式会社向け生鮮トマトの栽培を開始。03年12月、カゴメからの増資を受け、世羅菜園株式会社に組織変更（資本金8500万円、カゴメ47%、地元役員など53%）。05年3月、5・5haの温室を増設。現在、第1温室〜第4温室の合計8万5000m^2のガラス温室でトマト約20万本、ロックウール養液栽培、長期多段取り周年栽培方式で、カゴメ向けのトマトの生産を行っている。もちろんこのほかに2棟の選果場、保冷庫、機械室などの整備を行っており、キャッチフレーズとして「アジア最大級のガラス温室で生鮮トマトを周年供給し、周年集荷」とうたっている。

構成員4人、従業員126人。農場の方針として、養液栽培による長期多段取り栽培と、周年安定供給できる作型への取組み、有機培地（ココ椰子《やし》培地）の利用、過剰養液のリサイクル、暖房時に発生した二酸化炭素の植物の光合成促進への利用などによる環境保全型農業への取組みや総合的病害虫管理（IPM）の実践による化学農薬の使用量削減への取組み、トレーサビリティーの実施などを強調している。

なお、この世羅菜園も、6次産業ネットワークに会員として加盟しており、カゴメに出荷する規格外品（品質はよい）をネットワーク加入の直売所などで販売している。

寺岡有機農場有限会社（代表者　坂本　詩郎）

世羅町南部の国営開拓乙丸団地に1994（平成6）年設立。農園の規模は山林など付帯地を含め46・3ha、うち植栽面積20・5ha。従業員23人（パートを含む）。農園創立以来の活動を紹介する。設立当初はしょうゆの原料である、小麦・大豆を中心に栽培してきたが、98年から有機農法による野菜の栽培を本格的に開始。現在は、露地野菜として、ゴボウ、ニンジン（春・秋）、玉ネギ、ニンニク、サニーレタス、ナス、ピーマンなどを中心に栽培。他方、ハウス野菜としてサラダ水菜、サラダホウレンソウ、サラダ小松菜、ルッコラ、ベビーリーフ、ネギなど、多品目にわたり栽培。

また、設立当初から有機栽培に取り組み、98（平成10）年10月に日本オーガニック&ナチュラルフーズ協会の認定農場となる。さらに2000年2月に農林水産省の有機JASを取得、認定農場となる。これからの課題として、土づくりによる収量の上昇、安定化、有機野菜などの通信販売など販路の拡大を目指している。

農事組合法人太平牧場（代表者　佐古 淳子）

太平牧場では、乳オスの肥育（常時３００頭規模）の預託肥育を中心にした大規模経営を行っているが、注目すべきは、大量に排出されるふん尿から極めてすぐれた高品質の牛ふんバーク堆肥を製造していることである。県下はもちろん県外各地の森林組合と協定、契約を結び、木材生産にあたり排出される樹皮、おがくずなど廃棄物を集め、すぐれた牛ふん堆肥を製造している。牛ふんと木材廃棄物の混合物に対し、麹菌《こうじきん》、放線菌、糸状菌などの強力拡大ボカシを大量に投入し、有効微生物の生育温度域40～60℃を保つため、山積み切り返し法を半年間に20回以上行い、こだわりの牛ふん堆肥づくりをしている。これらの堆肥をロボット袋詰め機械一式を導入して生産・販売している。

２００１年度の堆肥出荷量は、17kgの袋詰めで約15万袋、そのほかにダンプカーで取りに来るバラ積みの出荷も多い。とくに世羅町特産のアスパラガスの生産には牛ふん堆肥は必要不可欠で、その他、果樹、野菜、花生産経営からの需要が多く、供給が追いつかない状況にあるようである。

また、この太平牧場では、各種補助事業で施設を導入し（私の提案した「逆さ傘」の論理）、無添加、無着色のすぐれたハム、ベーコンの生産、販売も行っている。

農事組合法人世羅大豊農園（代表者　祢宜谷 全）

構成農家は9戸で、さきに紹介した世羅幸水農園の経営形態、運営形態と非常によく似ている。設立が1973（昭和48）年であるので、先輩格にあたる世羅幸水農園をお手本にして活動しているように私には受け止められた。

経営の姿は、赤ナシ三水を基本に生産・販売。市場出荷（大阪、広島、北九州など）が70％、直売30％を目標。

さらに、ナシジャム・ゼリーを加工業者に委託して製品化。売店、レストランも農場に併設されており（直売所「山の駅」と命名）、そこでの直売のほか、6次産業ネットワーク会員として、6次産業ネットワークの直売所などでも販売している。

有限会社世羅きのこ園（代表者　本池 朋美）

このきのこ園はもともとの創業は古く、1987（昭和62）年1月と聞いたが、事実上の休業状態が長く、現在の経営体としての本格的活動は2002年6月とのことである。従業員16人で、3000坪の広大な敷地に1700坪のキノコ栽培施設を活用しつつ、松キノコ、松ナメコの栽培ならびに販売を行っている。松キノコは特有のキノコでマツタケの味、匂いがして生食（刺身）が可能であり、松ナメコもマツタケ味のナメコで珍重されている。世羅町は、かつては全国的に著名なマツタケの産地であったという伝統を、このきのこ園で再現しようと努力しているように思われた。

(2) 集落営農の組織化・法人化とその多彩な展開

さきに述べてきたように、世羅町の農業の姿は世羅台地と台地下の古くからの水田集落とではまったく異なる。

世羅町の水田面積は3030ha、水田集落は大小取り混ぜて372。このうち集落営農という形で組織化されているのが67地区。さらにそのなかで法人化され着実な活動を行っているのが30団体。2012年度から活動を開始したのが2団体。計32団体である（表4－3）。この表4－3からわかるように、水稲を基本としつつも、転作としての麦、大豆、あるいは飼料作物やソバ、野菜などがおもである。しかし、市場性の高いアスパラガスなどを積極的に取り入れているところはまだ少ない。

なお、広島県は集落営農の組織化あるいは法人化などについては、全国的にも先進県であるが（現在215法人と聞いている）、そのなかでも世羅町の組織率は非常に高いといわれている。この組織率の高さは、町の農業指導機関の強力な指導もあったかもしれないが、それよりも私には6次産業ネットワークの活発な運動が、古い体質をもつ集落の指導層に大きな刺激を与え、集落の農業の個別分散的な経営を集落営農という形の新しい経営体（とくに法人化した場合）へと発展・転化させる契機になったのではないかと考えている。

そこで、私が調査する機会のあった二つの集落営農について簡潔に紹介することにしたい。

農事組合法人さわやか田打（代表者　坂口　義昭）

この法人の設立は１９９９（平成11）年11月と早く、町内の集落営農の法人化のトップランナーである。資本金９５０万円、構成員58人（農家51戸、非農家７戸）、代表者・坂口義昭氏、理事10人、監事２人。２００９年度の売上高５５４８万円。事業内容は、経営面積43・７ha。そのうち水稲32・７ha（うちコシヒカリ25・９ha）、大麦８・３ha、大豆８・３ha、ハウス２棟（アスパラガスを中心に野菜数種）。おもな資本装備はリースを含めて（リースが多いが内訳は省略）、トラクター４台、田植機３台、コンバイン４台、その他管理機３台。食品加工用機器に特徴があり、餅つき器、蒸し器、餅切り器、ポン菓子器、ポン煎餅《せんべい》器などを所有し、餅加工、みそ加工など、とくに女性グループの活動が非農家組合員たちの女性も加えて活発である。労務費（賃金）は一律時給１０００円、代表理事報酬は月額15万円。小作料は09年には10ａ当たり１万２０００円。圃場整備は05年に完了し、１枚１ha以上の大規模圃場が多く、大型機械利用に難点はないという。なお、24歳の青年が08年から参入し活気に満ち

作付計画

作目名	面積(ha)	作目名	面積(ha)	作目名	面積(ha)	作目名	面積(ha)	作目名	面積(ha)
麦	8.3	アスパラガス	0.1	飼料米	1.8				
麦	6.0	飼料作物	0.9	ハトムギ	0.7	キャベツ	0.9	アスパラガス	0.3
麦	4.7	ブドウ	2.0						
麦	2.0	飼料作物	0.6	キャベツ	0.4	アスパラガス	0.1	その他	1.4
枝豆	0.6	カボチャ	0.1	その他	0.2				
キャベツ	1.7	白菜	0.3						
ブドウ	0.2								
麦	5.3								
麦	2.3	ソバ	0.1	野菜全般	0.2				
キャベツ	0.6	アスパラガス	2.4	その他	1.1				
麦	3.0	飼料作物	0.9	ブドウ	0.3				
飼料作物	2.0	キャベツ	0.3	その他	1.1				
その他	1.3								
キャベツ	0.6								
飼料作物	5.0	ソバ	5.0	キャベツ	4.0	スイートコーン	1.0		
ソバ	0.2	ブドウ	0.5						
ソバ	2.8	白菜	0.2	自己保全	0.7	菜の花	0.2		
飼料作物	0.8	ブドウ	0.1	小豆	0.1				
自己管理	0.2								
飼料米	0.3								
キャベツ	0.6	加工米	0.9	カボチャ	0.2				
飼料作物	0.4	ブドウ	0.2	キャベツ	0.6	アスパラガス	0.5	その他	1.9
牧草	1.0								
ソバ	0.1	その他	0.8						
ブドウ	0.1	キャベツ	1.0	スイートコーン	0.4				
ソバ	1.3	キャベツ	0.3						
永年作物	1.5								

表4-3　平成24年度集落法人作付計画（世羅町）

番号	法人名	旧町名	経営面積（ha）						
				利用権	作業受託	作目名	面積(ha)	作目名	面積(ha)
1	(農)さわやか田打	世羅町	43.7	43.3	0.4	水稲	32.7	大豆	8.3
2	(農)くろぶち	世羅町	49.7	43.7	6.0	水稲	35.2	大豆	4.9
3	(農)安田まさくに	世羅町	34.1	33.5	0.6	水稲	26.0	大豆	0.9
4	(農)おがみ	世羅西町	11.8	11.8		水稲	9.3	ソバ	2.2
5	(農)アグリテックあかや	甲山町	33.1	31.2	1.9	水稲	21.2	大豆	6.8
6	(農)かみだに	甲山町	17.0	17.0		水稲	10.6	大豆	2.6
7	(農)いきいき高田	甲山町	10.3	9.8	0.5	水稲	7.0	大豆	1.3
8	(農)くろがわ上谷	世羅西町	24.0	24.0		水稲	17.8	麦	3.2
9	(農)うづと	甲山町	40.5	24.2	16.3	水稲	19.0	大豆	5.3
10	(農)いーね伊尾	甲山町	17.3	17.1	0.2	水稲	13.0	大豆	3.9
11	(農)聖の郷かわしり	甲山町	22.3	21.7	0.6	水稲	16.0	大豆	1.6
12	(農)ふぁーむ賀茂	世羅町	51.1	50.8	0.3	水稲	39.5	大豆	10.0
13	(有)重永農産	世羅町	22.5	22.5		水稲	18.0	大豆	1.1
14	(農)ふるさと重永	世羅町	26.1	26.1		水稲	17.7	大豆	7.1
15	(農)上小国	世羅西町	23.0	23.0		水稲	15.0	麦	3.6
16	(農)恵	世羅町	37.0	33.0	4.0	水稲	20.0	麦	4.0
17	(農)黒羽田	世羅西町	11.1	10.6	0.5	水稲	9.4	大豆	1.0
18	(農)上津田	世羅西町	20.0		20.0	大豆	20.0		
19	(農)とくいち	世羅町	23.9	23.1	0.8	水稲	18.8	大豆	1.2
20	(農)たさか	甲山町	14.3	14.3		水稲	12.5	大豆	0.8
21	(農)かがやき有美	世羅町	10.0	10.0		水稲	8.4	大豆	1.4
22	(農)つくち	世羅町	8.5	8.5		水稲	7.6	大豆	0.6
23	(農)ほりこし	世羅町	16.3	15.8	0.5	水稲	12.1	大豆	1.9
24	(農)すなだ	甲山町	19.6	19.6		水稲	12.8	大豆	0.4
25	(農)せら青近	甲山町	10.0	10.0		水稲	8.1	飼料作物	0.7
26	(農)きらり狩山	世羅西町	10.7	10.7		水稲	7.3	大豆	0.7
27	(農)大福ファーム	世羅西町	7.0	7.0		水稲	4.7	大豆	0.3
28	(農)ひまわり	世羅西町	7.4	7.2	0.2	水稲	5.9	飼料作物	1.3
29	(農)せら冨士屋	世羅町	6.5	6.3	0.2	水稲	4.5	その他	2.0
30	(有)アグリーセラ	世羅町	19.2	19.2		水稲	14.0	飼料作物	3.0
(平成23年度に設立……平成24年度初作付～)									
31	(農)黒川明神	世羅西町	11.1	10.4	0.7	水稲	8.3	飼料米	1.2
32	(農)大仙	世羅西町	11.9	11.9		水稲	7.2	飼料米	1.1

出典：世羅町役場資料による。

ている。06年3月に農林水産大臣賞を受賞している。

また、6次産業ネットワークへの加入は01年と早く、エコファーマーの認定を受け、広島特別栽培米(こだわり米)をはじめ、米、麦、大豆の加工品や各種野菜も6次産業ネットワーク加入の直売所などを通じて販売し好評を得ている。

農事組合法人聖《ひじり》の郷《さと》かわしり(代表者 川邊 澄男)

2006年8月設立と比較的新しい集落営農法人である。構成員は組合員43人、併せて女性部が組織されているところに特徴があり、女性部員20人。6次産業ネットワーク加入も新しく09年。

平成24年度の経営耕地面積は22・3ha。おもな作物は水稲16・0ha、大豆1・6haのほか、アスパラガスが他の法人に比べて多く2・4ha(ビニールハウスも含む)。

法人の名称は地区の中心にある聖神社と川尻集落の両者から取り、圃場整備の完成と軌を一にして法人を設立。四つの基本理念を掲げている。これからの集落営農の組織化・法人化にとって参考になると思われるので紹介しておこう。

①豊かな稔りをみんなで培う(生産活動)

②きれいで住みよい環境づくり(環境保全活動)

③和を輪に広げきずなを深める（交流活動）

④リーダーを育て組織を継続する（研修・教育活動）

圃場整備により標準区画50ａが中心。機械整備は大型機械一式を整備（詳細は省略）。利用権設定を全面的に行い、地代は10ａ当たり１万円、出役・オペレーター賃金は１時間当たり８００円、労働の差はなく一律。役員報酬は年間１万２０００円。

この法人の特徴は大きく２点ある。第一は単なる転作対応ではなく積極的に野菜などの作物を生産しようとしていること、第二に女性部の活動が目覚ましく、聖の郷かわしり加工部「ケ・せらせらデリカ工房」を設立、多彩な加工品を生産・販売していることである。いわば、農業生産法人の６次産業化をねらいとしていることである。

まず作付けの状況を見ておこう（２０１０年度）。水稲16・０ha、大豆１・６ha、アスパラガス２・４haのほか、小規模作目として、キャベツ０・６ha、玉ネギ０・２ha、ニンジン０・１haのほか、ダイコン、コンニャク、トウモロコシ、カボチャなど多彩な野菜の生産を行っている。

これらの野菜生産は女性グループによる「ケ・せらせらデリカ工房」に直結し、その製品はおもなものとして、オリジナル・コロッケ、ハンバーグ、ドレッシング、浅漬け、餅、乾燥品など、約30品目に及び、町内の直売所での販売やふるさと便、定期便として販売することになっている。農水省の

6次産業化関連の補助事業も受け、加工場（約50m^2）が12年3月完成、総菜などの営業許可、6次産業総合化事業認定とともに本格的に展開しようとしている。これからの本格的な活動に期待したい。

4　フード・ポリスの展開——農畜産物加工と直売所などの活動

フード・ポリスとここで私が考察しようとしているのは、（1）多彩な農産物直売所、（2）その直売所などへ食品などを供給するために生産している農畜産物の加工所・加工施設、（3）多彩な食堂・レストランなど、を指している。以下、それらの代表事例で実態調査を行ったものについて紹介したい。

協同組合甲山いきいき村（代表理事　橋川 正治）

活動の開始は極めて早く、1996（平成8）年11月で、6次産業ネットワークの草分け的存在である。構成員は組合員146人、農産物・加工品などの出荷者数489人。会館の1階には直売所、加工室、乾燥機、トイレなどがあり、2階は農家レストランになっていて、「そば茶屋いきいき」では、そばなど地域特有の食事を出している。

直売コーナーは世羅町産の農畜産物、その加工品、さらに種苗類、農業資材に至るまで多彩な品物が並んでいるし、ソフトクリームやコロッケなどのテークアウトコーナーも備えている。また、尾道市など瀬戸内地域の都市、消費者の需要にも応じてインショップの展開も多彩に行っている。こうして、世羅町の農業者、生産者の能力を開花させる拠点となっているばかりでなく、生産部、品質部、事業企画部を充実させ、情報受発信のキーステーションの役割も果たしているといえよう。２００９年度の売上取扱高（税込み）は４億７８９万８０００円。

特筆しておきたい点は、甲山いきいき村で、畜産農家と野菜農家の「土づくり協定」をつくり、安全で健康な農産物の生産を目指すとか、98（平成10）年４月には「こだわり農産物認定制度」を立ち上げ推進するなどとともに、店内のパソコンで栽培履歴が確認できるようなシステムをつくるなど、多彩な活動を行っている。また、学校給食、介護施設、病院などへの米や野菜などの供給を行っているほか、食材を仕入れに来る町内の料理飲食店との連携も新たにつくっている。

四季園にしおおた企業組合（代表理事　内海一男）

組合員は27人、出荷会員登録者数は３５０人。活動開始は１９９８年４月で地域の農民などを組織して直売所として発足するが、すでに91年から地域活性化などをねらいとして、西大田地区で農産物のテント販売など多面的な活動の前史があった。

直売所は木造平屋建て176m^2、菓子・総菜加工場37m^2、みそ加工場31m^2など多彩な活動ができる設備をもっている。正月6日以外は年中無休、従業員は店長以下16人、会員登録料2000円、年会費1000円、販売手数料15%、POSシステムにより販売管理、バーコード、品質表示ラベルなどは会員各自添付。各種イベントも春夏秋冬にかけて多彩に開催。さらに創業前のテント市場販売の経験も現在に引き継ぎ、JR三原駅前などで、3月、10月にバザールを開催。インショップなども尾道市などのスーパー7店舗で展開。

特徴ある事業は、餅加工（杵つきあん餅）、くん製卵、手づくり揚げ、手づくりみそ、などであるが、くん製卵は特産品として売れ行き抜群とのことである。

売上高は年々着実に伸び、2006年には9943万円だったものが10年には1億4045万円に、同様にレジ通過者も5万7612人から7万7598人へと着実に伸びている。

特産品センター かめりあ（代表者　宮本 真弓）
活動開始は早く、1993年4月。しかし、活動の前段階は古い。84（昭和59）年に旧世羅西町内の15の生活改善グループが一つに結集し、「せらにしふれあいの会」が設立された。90年には、食品加工品販売実績が評価され、「農山漁村チャレンジ活動表彰」で農林水産大臣賞を受賞した。受賞をきっかけに加工所と店舗を建設し、93年に「特産品センター　かめりあ」を設立した。「かめりあ」の由来は、町花である「椿」の英語表記である。

97年度には、郷土料理「いわし漬」などの加工・販売活動が評価され、「食アメニティコンテスト」で農林水産大臣賞を受賞した。とりわけ評価されたのが、地産地消への取組みであった。アップルパイなどの多彩な菓子、柏餅、みそ、はとむぎ健康茶、そして地場産の米、大豆、野菜などを材料につくる弁当（せら弁）など、実に65品目の加工、製造、販売をしてきていたが、それが最近では80品目を超えるに至っているという。

第一の売れ筋商品は「あんもち」である。原料となる餅米、うるち米、小豆は会員が生産したものを持ち寄り、時間をかけて手づくりするのでおいしいと人気があるという。

第二の売れ筋は「せら弁」で、高齢者への宅配やＰＴＡ活動、役場、学校、ＪＡなどの会議での注文が多いという。すべて地元産の原料で日替わりで手づくりのため、飽きがこないといわれている。

さらに、２００3年からは、地元産の大豆をより多く食べてもらおうと、納豆に比べ特有の臭いやねばりのない発酵食品「テンペ」を加工・販売しており、学校給食にも取り入れられている。これらを6次産業ネットワーク加盟の産直市場、果樹園、花農園さらにスーパーなどを通して販売している。

「体にやさしい手づくりの店」をモットーとしている。

世羅高原ファームランド ジェラート工房ドナ（代表 岡田 健二・岡田 典子）

経営は、自家生産牛乳のジェラート（アイスクリーム）とヨーグルトの加工・販売および酪農体験ファーム。「牛乳の生産現場だけにとどまりたくない」「生産者と結び付きたい」とジェラートの加工・販売を目指したのが1999（平成11）年。同時に酪農教育ファームとして認証牧場となり、牧場体験のメニューをつくり、全国的に酪農家側と消費者・子どもたちとを結び付ける動きに加わった。2001年3月にジェラート工房ドナをオープン、06年4月には6次産業ネットワークの拠点施設「夢高原市場」のテークアウト店「おやつ庵」を出し、07年には産直市場「甲山いきいき村」にテークアウト店を出し、ソフトクリームなどの販売を始め、6次産業化推進の道をたどる。また、後継者の参入により08年よりヨーグルトの販売も始める。ジェラートは世羅町特産のナシをはじめとする多岐にわたる果実類のほか、花や桑、野草に至るまで30種類にわたり地域の味を出している。また、馬（ポニーを含む）を6頭飼育し、乗馬クラブも開設、町の祭礼のときにも馬を活用するなど家族で多彩な活動をしている。

峠の駅 こがね餅（代表者　梶川 富美子）

世羅町は瀬戸内海に流れる川と日本海に流れる川の分水嶺になっていることはさきにふれたが、その峠の国道のそばに立地している、家族経営による地産・地消・地食を目指す楽しい食堂である。自家製の餅、うどん、米、野菜、山菜などをふんだんに使った、おいしい食事を出している。原料の大部分は自ら経営する農場や隣接する山林で生産・採取したものであるという。たまたま訪ねた日の昼食のうどんのなかには、マツタケと餅が入れられていて、その味のよさには驚いた。

協同組合夢高原市場（代表者　佐古 淳子）

2006年度に県の事業として世羅高原に広大な農業公園が建設され、その一角に「6次産業ネットワーク」の拠点施設となる産直市場「夢高原市場」が設置されることになった。この施設の意義や機能などについては、後に総括と展望で改めて述べることとするが、ここではフード・ポリスの拠点という視点から、その機能について述べておきたい。

この夢高原市場は6次産業ネットワークの拠点で、世羅町全体のアンテナショップと併せて、情報の受発信基地あるいはネットワークの司令塔の役割ももっているが、その点は後の総括と展望で述べてみたい。

さて、その運営内容を整理すると次のようになる。

①対面によるワゴン販売
②委託によるブース販売
③郷土料理のテークアウト
④農村の暮らし方の体験交流
⑤ワイナリーレストランへの食材供給
⑥情報コーナー設置と情報の受発信
⑦会員の商品の宅配便利用による販売・発送
⑧エコ活動の多面的推進

そこで、以下、この市場の特徴と設立経緯などについて紹介しておこう。

法人設立は2006年4月3日。法人の種類は、中小企業による事業協同組合。組合員は34団体。出資金130万円。関連団体は6次産業ネットワークを構成する63団体（なお、この6次産業ネットワークの構成員で、法人格をもっていない組織・団体は組合員になれなかった）。

さらに、この夢高原市場の前面には広大な駐車場ならびに多目的広場が展開されており、とくに春、夏、秋期の休日には広島市をはじめ瀬戸内沿岸の諸都市、大阪、神戸など関西圏の大都市からの入り込み客で満杯となる日が多い。そういう意味でも、6次産業ネットワークの拠点でもあり、私のいうところの「アグロ・ポリス」「フード・ポリス」「エコ・ポリス」の拠点的存在になっている。

5　エコ・ポリスの展開——花観光農園と新しい時代のグリーン・ツーリズム

6次産業ネットワークの総意として、2011年に「町土全域を農村公園にしよう」という提案を、世羅町長ならびに世羅町議会に対して行った。世羅町全域の環境保全と併せて、安全・安心な農産物の生産と供給を行おうという、極めて斬新な提案である。この提案の内容と意義については、後に本稿の総括と展望で改めて考察することとして、6次産業ネットワークの構成メンバーが、花観光農園の開発などを通して、いかにエコ・ポリスにあたる活動を推進しつつあるか、また新しい時代にふさわしいグリーン・ツーリズムを推進しているか、私の調査した典型事例を紹介することを通して見ておきたい。

農事組合法人世羅高原農場（代表者　吉宗 誠也）

まず、取組みの経緯から紹介しよう。

農場は前述の世羅台地にあり、法人の設立は古く1978（昭和53）年6月。当初は葉タバコ生産が中心であったが、切り花（菊、スターチス、デルフィニウムなど）に転換し、95（平成7）年春から「チューリップ祭り」の花観光農園を開始した。

現在は、広大な農場で、春（4月中旬〜5月中旬）にはチューリップ祭り、夏（8月上旬〜8月下旬）にはひまわり祭り、秋（9月中旬〜10月下旬）にはダリア祭りを行い、その来園者数は多数にのぼる。そのほかに春のイチゴ狩り、夏のトウモロコシのもぎ取り、秋のダイコンの掘り取り、などを組み合わせて、冬期以外は常時なんらかの形で訪ねて来てもらえるような経営を行っている。とくに、10月の「大根祭り」には都市部から子ども連れが多数訪れ、ダイコンを各自が引き抜き収穫し持ち帰るイベントは好評を博しているという。

さて、農場の作業スケジュールを併せて紹介しておこう。

1月／ダリアの分球、2月／イチゴの管理、3月／イチゴの管理・開園の準備、4月／チューリップ祭り・イチゴ狩り開始、5月／チューリップの掘り上げ・トウモロコシとスイカの植え付け、6月／ひまわりとダリアの植え付け、7月／ひまわり畑除草・ダリアの芽欠き、8月／ひまわり畑開園・ひまわり祭り開催・トウモロコシとスイカの収穫・ダイコンの種まき、9月／ダリア祭り開催、10月／大根祭り開催・チューリップ植え付け、11〜12月／ダリア掘り上げ・ダリアの分球。

構成員は雇用も入れて9人であるが、このように、花観光農園の運営も冬期も含めて休む暇がないようである。なお、春、秋に花農園のなかで開催される結婚式など多彩なイベントには目を見張るものがある（駐車場1000台収容、喫茶店・トイレなど完備。入園料は大人500円・子ども300円）。

多彩な世羅町の花観光農園

順不同であるが、紙幅の制約で詳細を述べるゆとりがないので、世羅町で展開している多彩な花観光農園を紹介するのみにしておこう。

①香山ラベンダーの丘（ポピー、ラベンダー、コスモス）
②世羅甲山ふれあいの里（しだれ桜）
③花夢の里ロクタン（芝桜、菜の花）
④フラワーパーク世羅ふじ園（藤、牡丹桜）
⑤ラ・スカイファーム（菊桃の花）
⑥有限会社世羅ゆり園（ゆり、ビオラ、ケイトウ、サルビア）
⑦有限会社美波羅農園（バラ）

もちろん、以上の花農園では花苗や球根などの生産、販売も行っているところが多い。

県立世羅高等学校（代表者　校長・藤井 彰二）

この項で世羅高校を紹介すべきかどうか迷ったが、『世羅高原6次産業活動記録集』に沿って引用する形で紹介させていただく。

○6次産業ネットワーク加入年：1999（平成11）年

○学科構成：1年 農業経営科（1クラス）、2年 農業経営科（2クラス）、3年 生産情報科（1クラス）、環境科学科（1クラス）

○取組み概要：本校は、平成22年度より「農業経営科」に学科改編し、「地域の農業・社会を充実・発展させることのできる起業家精神に富む人間性豊かな将来のスペシャリストの育成」に向けスタートしました。とくに、生産から加工・販売までをトータル的に学習する6次産業類型を設置し、地域特産品や学校ブランドの開発に向け取り組んでいます。そのため、世羅高原6次産業ネットワークコーディネーターの後由《うしろ》美子氏による6次産業の意義と可能性についての講演や農事組合法人世羅大豊農園による果樹栽培の技術指導などを計画的に実施し、地域農業への理解を深めています。また、世羅高原6次産業ネットワークや世羅町役場などと連携し、「世羅っとした梨ランニングウォーター」「飲む梨ゼリー」の試飲調査やネーミング・ラベルデザイン考案など、地域特産品の共同開発も行っています。今後は、地域の活性化に繋《つな》がる「世羅高ブランド」の開発を積極的に行い、地域農業に少しでも貢献していきたいと思っています。
○商品開発の現状：9月末（今村注：2011年）には食品製造棟が新築完成しました。現在地域と連携して行っているオリジナルブルーベリージャムや宇宙ダイズによる特産品の共同開発を加速させていきたいと思います。生徒のユニークな発想で安全・安心にこだわった商品開発を行っていきます。
（藤井 彰二）

以上が『世羅高原6次産業活動記録集』に記載された県立世羅高等学校の記事からの引用である。以上のような活動に対して、後の本論の総括と展望の章で若干のコメントと提案を行いたいと考えている。

6 メディコ・ポリスの現状と展望――地域の医療・介護などの現状と展望

実態分析の最後のメディコ・ポリスの現状について素描しておこう。
現在世羅町には、「公立世羅中央病院」がある。内科、神経内科、小児科、外科、整形外科、脳神経外科、皮膚科、泌尿器科、耳鼻咽喉科、婦人科（ただし、産科はない）、歯科、口腔外科、矯正歯科、リハビリテーション科というほとんどの分野をカバーする総合病院である。病床数は155床、医師31人（うち常勤10人）、歯科医師5人（うち常勤1人）、薬剤師5人などを含め、職員約150人の公立総合病院である。この病院の歴史の変遷は多岐にわたり、複雑であるので省略するが、産科がないことを除けば、おおむね不便はない、というのが6次産業ネットワークのメンバーの皆さんの評価であった。

また、高齢者介護については、世羅町では在宅介護が主流で、介護施設などに入るのを嫌がる風潮が強いという評価であった。ただし、私なりに注目したのは、1人暮らしの高齢者に対しては、夕食を配達するのに対し、半額町費で負担するとか、高齢者が買い物をするための乗り合いタクシーについては、1回300円を町費から助成するなどの措置が講じられていることであった。いずれにしても、このメディコ・ポリス仮説にかかわる調査についてはまだ不十分であることを自ら認め、その望ましい姿として、色平哲郎氏の提言にゆだねることとしたい（第9章参照）。

ただし、6次産業ネットワークとの関係で、次のような農村の高齢者にかかわる問題については、私なりの提言を記しておきたい。

かねてより私は「今高齢化が農村ですすんでいるが、高齢技能者と女性のもつ活力を結合し生かそう」と呼びかけてきた。

私は以前より農村の高齢者を「高齢者」と決して呼ばず「高齢技能者」と呼んできた。農村の高齢者は単に年齢を重ねてきたのではなく、知恵と技能・技術などを頭から足の先までの五体にすり込ませて生きてきた人たちである。そのもてる知恵と技能などを、地域興しに、とりわけ農業の6次産業化に生かしてもらいたい。しかし、高齢技能者はつくったり加工したりするのは上手だが、企画したり売ったりするのは下手だし苦手である。そのためには、若い女性、中堅の女性たちの多面的なリーダーシップが不可欠である。高齢技能者を安易に老人ホームなどに送り込むのではなく、6次産業の各分野で大いに働いてもらい、ある日、「ピンピンコロリ」と皆にたたえられて大往生を遂げていただくようにしてもらいたい。6次産業ネットワークのもつ意味は、しかるべく大きいと私は考える。

7　総括と展望

以上、世羅高原6次産業ネットワークの活動を素材に分析・考察を重ねてきた。そこで若干の総括と展望を行ってみたいと思う。

(1) 運動論、構造論、政策論

農村の実態を踏まえつつ、農村のあるべき方向について、分析、考察されてきたこれまでの多くの論文を大胆に私なりに類型化してみると、(1) 運動論、(2) 構造論、(3) 政策論の3類型に大別できると思う。しかし、この3者を総合し、統合した新しい視点からの望ましい農業・農村の姿をいかに構想し、社会に提言すべきか。それがなかった。今、それが問われている。

そのことを考える契機を与えてくれたのが『世羅高原6次産業活動記録集』であった。世羅高原6次産業ネットワークの12年にわたるすばらしい活動の歴史と運動の記録に接し、私の発案・提言してきた「農業6次産業化」の理論を、農村という空間軸を基本に、包括的構造論としてもう一度体系的に捉え直す仮説として「5ポリス構想」を提示し、その視点から世羅高原6次産業ネットワークの活動を理論化し、一般化することによって、わが国の各地域の農業・農村の再生のエネルギー源にならないだろうか――このような思考のなかから本論を展開してみたのである。

それ故に、国の農政、県・市町村の農政、さらに食料・農業・農村基本法を踏まえれば、食料・農業・農村政策の総合政策の方向は、いかにあるべきかを提示し得たつもりである。もちろん、農協陣営においても、本稿が包括的・総合的な地域政策はいかにあるべきかを深める一助になれば幸いであると考えている。そこで、残された基本問題を述べつつ総括と展望を行ってみたい。

(2) 全町域を農村公園に

これまでの12年にわたる稔り多い活動を踏まえて、「町土全域を農村公園にしよう」という運動と提言を世羅高原6次産業ネットワークは打ち上げ、町長、町議会などへ提言を行っている。

その基本方針と内容の核心は以下のとおりである。

①自然を活かし、世羅高原から発信する、楽しく元気のあるまちづくり
②せら夢高原を拠点とした町中各団体の個性を伸ばすためのまちづくり
③世羅ブランドが確立できるまちづくり
④ネットワークの次世代育成に取り組むまちづくり

そして具体的な事業としては、民泊体験と農業体験の実施、大型イベントの実施、わかりやすい案内看板の整備、特産品開発のための技術支援と整備、6次産業大学の開設と研修施設の実施、などが盛り込まれている。

いずれも適切なものであり、町行政としても実施してほしいし、さきに展開してきた私のエコ・ポリス構想提案のより実践的具体化策として全町域農村公園化構想は欠かせないと考えている。

ただし、若干の重大な問題点は残る。以下述べてみよう。

（3）森林、とくに里山を牛の放牧により改善を

今回の調査を通じて痛切に感じたことがいくつかある。

第一は山林、林野とりわけ集落周辺に広がる里山の管理についてである。かつて世羅町をはじめとする広島県下の山林、とくに里山は、マツタケの産地として著名であり、よく管理された森林であった。そこが、いわゆる松食い虫によって松が枯れ、荒れるにまかせている。クヌギやコナラなどの落葉樹もシイタケ原木などに伐採され管理されることなく放置されている姿が悲しい。環境保全の観点からも、全町域農村公園化構想の提言の視点からも全力をあげて取り組むべきではなかろうか。

その改善策の一つの方法としての提案は、牛の放牧による「牛の舌刈り」（人手による「下刈り」ではない）により、雑草を牛の飼料として食べてもらい、里山の再生に寄与することができないかという提案である。

乳牛は七つのすぐれた機能をもっていると私は考えている。

①口は一生研ぐ必要のない自動草刈機
②あの長い首は餌を運ぶための自動式ベルトコンベア
③四つある巨大な胃は人の食べられない草を食べ貯《た》めて消化し、栄養素に変える食物倉庫
④内臓は現代の科学技術でも合成できない牛乳の製造工場

⑤尻は貴重な肥料製造工場
⑥4本の脚は30~35度の急傾斜地でも上り下りできる超高性能ブルドーザー
⑦1年1産で子孫を殖やす

乳牛が駄目なら和牛でもよい。和牛は④の機能は低いが、人間の必要とする上質の肉を供給してくれる。

そして、今、太陽光発電機は安くなり容易に手に入るようになった。リード線を張り、牧区を切り、牛の逃亡を防ぎ放牧するのは容易になった。水源と岩塩を提供できれば放牧は決して難しくはない。また、牛がいれば、イノシシやシカなどの農作物に被害を与える野生動物も出てこなくなる。荒れた里山はよみがえり、さらに景観動物としての光彩を放つ。できればヒツジも放牧したいが、野犬天国の日本では野犬に食い殺されてしまう恐れがある。

景観を彩る動物がゆったりと草を食べている光景には、女性や子どもたちが喜び勇んで訪ねてくるであろうし、里山をはじめとする荒れた林野の景観と環境保全の修復に大いに寄与するであろう。ぜひ、考えて対策を立て、実行に着手してほしい。

（4）県立世羅高等学校への改革の提言

２０１１年の12月であったが、滋賀県立八日市南高等学校から講演の依頼があった。テーマは「農業の６次産業化の理論と実践」であった。八日市南高校の前身は農業高校であったようで、学科の改革や授業の改革を意図しており、そのための講演依頼であったように思う。詳しい事情はもちろんわからなかったが、私の旧友の前滋賀県知事嘉田由紀子さんの示唆があり、私が講師に呼ばれたのではないかと想像している。当日の講演には滋賀県下の旧農業高校関係の先生方や普及員などの県職員が多数出席し、大きい会場は満杯であった。

この経験を踏まえながらの提言であるが、世羅高校においても、世羅高原６次産業ネットワークの会員であるし、また共同で開発した好評の「世羅っとした梨ランニングウォーター」の経験と実績もあることから、思い切って、たとえば農業経営科を「６次産業学科」に改革したらどうだろう。全国で初めての「６次産業学科」を創設し、全国から学生を募集すれば、活力がさらに湧くのではなかろうか。駅伝ではこれまで7回日本一になったことで世羅高校は有名であるが、「６次産業学科」を創設し、さらに名実ともに充実した高校になってほしいと考える。

（5）JAは全力をあげて農業の6次産業化に取り組もう

世羅町をたびたび訪ね、世羅高原6次産業ネットワークの皆さんと話し、調査も重ねてきたが、そのなかでさびしいと痛感するのは、世羅町ではJAの影が薄いということである。たしかに世羅高原6次産業ネットワークの一会員（尾道市農業協同組合、世羅営農センターが会員）ではあるが、影が薄い。肥料・農薬の販売のほか、世羅産米の米粉からつくったラーメン・パスタの販売、世羅茶の加工・販売などを行っているにすぎず、積極的な活動が見えない。全国的に見ても、JAの直売所はかなり増えてはきたが、やはり、地域に（せめて支店単位に）根差した活動が弱いこと、合併を重ね大規模農協になり、地域に根差した農業・農村との結合の弱体化が反映しているのではなかろうか。世羅高原6次産業ネットワークの活動を改めて勉強し、新たな時代にふさわしい6次産業化の推進に全力をあげることを望みたい。

（6）英知と情熱に支えられた「世羅高原6次産業ネットワーク」の運動

本章の結びにあたり、世羅高原6次産業ネットワークを推進してきたダイナミックな運動の姿、突きあたった苦難の数々、それを切り拓き、乗り越えてきた英知に満ちた人材の数々、とくに女性の皆さんの献身的な活動の姿——こういう課題にはここでは一切ふれ得なかった。本稿は構造分析に視点を据え、限られた紙数で展開せざるを得なかったので、上記課題は他日を期したい。

農業の6次産業化を成功させるには、人材が欠かせない。人材とは、私見では、①企画力、②情報力、③技術力、④管理力、⑤組織力の五つの要素の総合力、と定義しているが、世羅高原には、人材が、とりわけ他の地域に比べてすぐれた女性が多い。こういう視点も踏まえて、他日改めて運動論の視点から「世羅高原6次産業ネットワーク」の活動を総括してみたい。

第5章　地域創生の旗手たち（その1）

――日本型農場制農業の創造目指す㈱田切農産（長野県飯島町）

長野県の伊那谷に飯島町田切地区がある。ここに紫芝《しば》勉《つとむ》君というすぐれた農業経営者がいて、㈱田切農産の社長として目を見張るような活躍をしている。紫芝 勉君の活動の詳細と紫芝君の思想と実践活動の核心を研究させてもらい、その経験を全国に広めたいと思い立ち、その核心部分を紹介する。

こういう思いにかられたのは、農林水産省をはじめJA全中においても、農業就農者の減少と高齢化の進行のなかで、地域農業の再編や規模拡大路線がさまざまな形で提起されていること、とくに全中では、平坦地域で20～30 ha、中山間地域で10～20 haという数字まで含めて、集落営農の組織化と規模拡大の目標を示す提案が出されている状況になった。しかし、量的側面は提示されているものの、質的側面、つまり経営主体のあり方や経営体としての経営の姿あるいはそのネットワークづくり、さらには6次産業化路線などの姿がほとんど示されていないという欠点がある。

そこで、私なりに改めて紫芝 勉君の経営路線や経営哲学にまで踏み込んで、これからの地域農業改革路線の望ましい姿を追求するために、彼の活動のこれまでの歴史と全容、そして彼の地域や農業に対する思想や行動にまで踏み込んで系統的に紹介したい。

1 企画力、情報力、技術力、管理力、組織力——五つの資質と経営の概況

私はかねてより農民塾の活動を全国にわたって実践してきた。そのなかで「農業ほど人材を必要とする産業はない」と説くとともに、人材とは何かということを私なりに提示してきた。私の考えでは、企画力、情報力、技術力、管理力、組織力の五つの要素を十分に具えているのが人材であると定義してきたが、紫芝君はこの五つの要素をすべて具えていると、彼のこれまでの活動と実践を通して見るなかで実感してきた。とくにその企画力に鋭く、すぐれたものをもっている。

企画力とは、わかりやすくいえば、「種子を播く前に、売り先、売り方、売り場、売り値などをしっかり考えておくことだ」と私は言ってきたが、紫芝君はつねにこれを実践してきている。そのことはいずれ後で具体的に説明するが、もちろん情報力、技術力、管理力、組織力でもすぐれている。

それらを彼のこれまでの活動の実態のなかから明らかにしていこう。まず、概要から述べておこう。

(1) 会社の概要

本社所在地：長野県上伊那郡飯島町田切2820
資本金：330万円　代表取締役　紫芝　勉
略歴：平成17年4月22日設立。田切地区営農組合より作業受託部門を受け継ぎ自作を含め事業開始
平成17年9月　認定農業者認定
平成18年3月　エコファーマーの認可取得。共生栽培、自然にやさしい栽培技術の拡大。委託ネギの栽培開始。特定農業法人の認可
平成19年6月　エコファーマー追加認可取得。ネギの収穫機、選別機導入。多目的管理機による水稲、大豆防除技術導入
平成20年　無農薬、有機栽培コシヒカリの栽培。特別栽培大豆の栽培
平成21年6月　社名を株式会社田切農産へ変更（田切農産は、田切地区営農組合、組合員全戸出資で設立）
平成22年7月　キッチンガーデンたぎり（農産物直売所）オープン

(2) 会社のモットー

①地区の農業者が5年後、10年後も同じように農業を続けていくためにサポートをする農業
②自然環境に配慮したやさしい農法、きびしさを増す農業環境に対応しサポートする農業
③消費者が信頼できる安全で安心な農産物を生産・販売することで、この地域の自然と美しい田畑を守る活動

(3) おもな事業

①米、麦、大豆、ソバ等、雑穀の生産・販売（経営面積、水稲25ha、大豆18ha、ソバ10ha）
②野菜などの生産・販売（ネギ委託栽培面積3ha、ネギ出荷プラントの運営）
③農業生産に必要な資材の製造販売（米ぬか、糖化粕等を原料としたペレット堆肥の製造・販売）
④農作業の受託（水稲作業全般、乗用管理機による防除作業、ネギの収穫作業）
⑤大豆調整プラント（乾燥調整施設）の運営
⑥農産物直売所（キッチンガーデンたぎり）の運営
⑦取扱品目
米・中央アルプス清流米（有機資材・肥料使用、農薬50％減）／酒米（美山錦、高嶺錦）／大豆、ソバ、

雑穀類、ネギ、トウガラシなど。

（4）飯島町と田切地区の概要

飯島町農業の特徴をまず紹介する。

①南アルプスから流れ出る豊かな水で開田がすすみ、古くから米つくりが主要な産業であり、農地の約70％が水田である。

②自然環境は、農耕地は標高550mから850mに広がり、気象は冬季マイナス10℃、夏季35℃、年気温較差が大きい。とくに夏期の日気温較差は15℃。花卉（色つき）や果物（糖度）の栽培に適した土地・気候である。

③米の減反対策と高度経済成長のなかで町農業の環境は大きく変化し、若者の農業離れと農業従事者の高齢化がすすんだ。

④圃場・施設など基盤整備がすすめられ、営農センターを中心とした組織営農が進行してきている。

次に㈱田切農産のある田切地区の特徴を併せて紹介しておこう。

①田切地区は飯島町に合併する前は、旧村、田切村であった。飯島町は、飯島、本郷、七久保、田切の四つの村が合併してできた。

②田切区には6集落ある。細かなことはその集落で決める。田切区には区会があり、水利や道路の補修などはこの区会で決める。農業にかかわることは営農組合（＝区）で決める。田切区はまとまりがよく、これは昔からの人柄、土地柄で誰か一人がリードするのではなく、「長けた人」に任せながら全員一致でやってきた。また、田切地区にも製糸組合があった。伊那地方で最後まで残った製糸組合は田切くらいだった。そういう協同活動の伝統があったように思う。

③田切地区の水田面積110ha、農家戸数240戸。うち80戸が㈱田切農産に土地を出し（貸し）ている。専業農家は10戸ほど。認定農家は3戸、田切農産を入れて認定農業者数は4。

④㈱田切農産には田切地区の240戸の全員が出資、出資金は1株＝1000円で5株出資とした。配当はしていないが、配当の代わりに委託（利用率、発注率）に応じて還元している。

2 飯島町営農センターと土地利用調整システムの確立と推進

田切地区の農業構造の改革や㈱田切農産の活躍の背景と基盤には、飯島町営農センターの設立とその活動がある。その設立は昭和61（1986）年9月18日と25年（2011年現在）の歴史をもち、飯島町の町議会、農業・農政部局・農業委員会、農協（現在はJA上伊那飯島支所）、普及センター、各地区営農組合等のワンフロアー化による飯島町の農業振興、農業改革の司令塔として全農家（1270戸）参加型の組織として発展したものである。

いわゆる二階建て方式をここでもすすめている

集落を基盤にして担い手組織を立ち上げようとして各地でいわゆる二階建て方式が提起され、また多くの文献でその意義や課題が説かれているが、ここではそれらにはふれないことにする。田切地区ならびにそれを基盤に活動している㈱田切農産の姿については、紫芝君が図5－1に示した姿を描いている。

この図の1階部分はいうまでもなく田切地区の営農組合とそれに所属する全農家であり、2階部分が㈱田切農産である。この両者が二階建て方式になって「連携・補完」の関係にあるとされている。そして、その役割、機能については、図5－1の右側に解説されているように、1階部分は「地区農業の企画・農地利用調整・推進機能組織」と位置付けられ、その内実として六つの役割・機能があげられている。すなわち、（1）現在の組織と機能・活動を継続する、（2）農家・地主全員参加、（3）地域農業の計画・土地利用調整・合意形成、（4）法人に役員派遣、（5）機械・施設等の保有、作業の取りまとめ・調整、（6）農業と農村機能の保全・継承、という6項目に明確に規定されてい

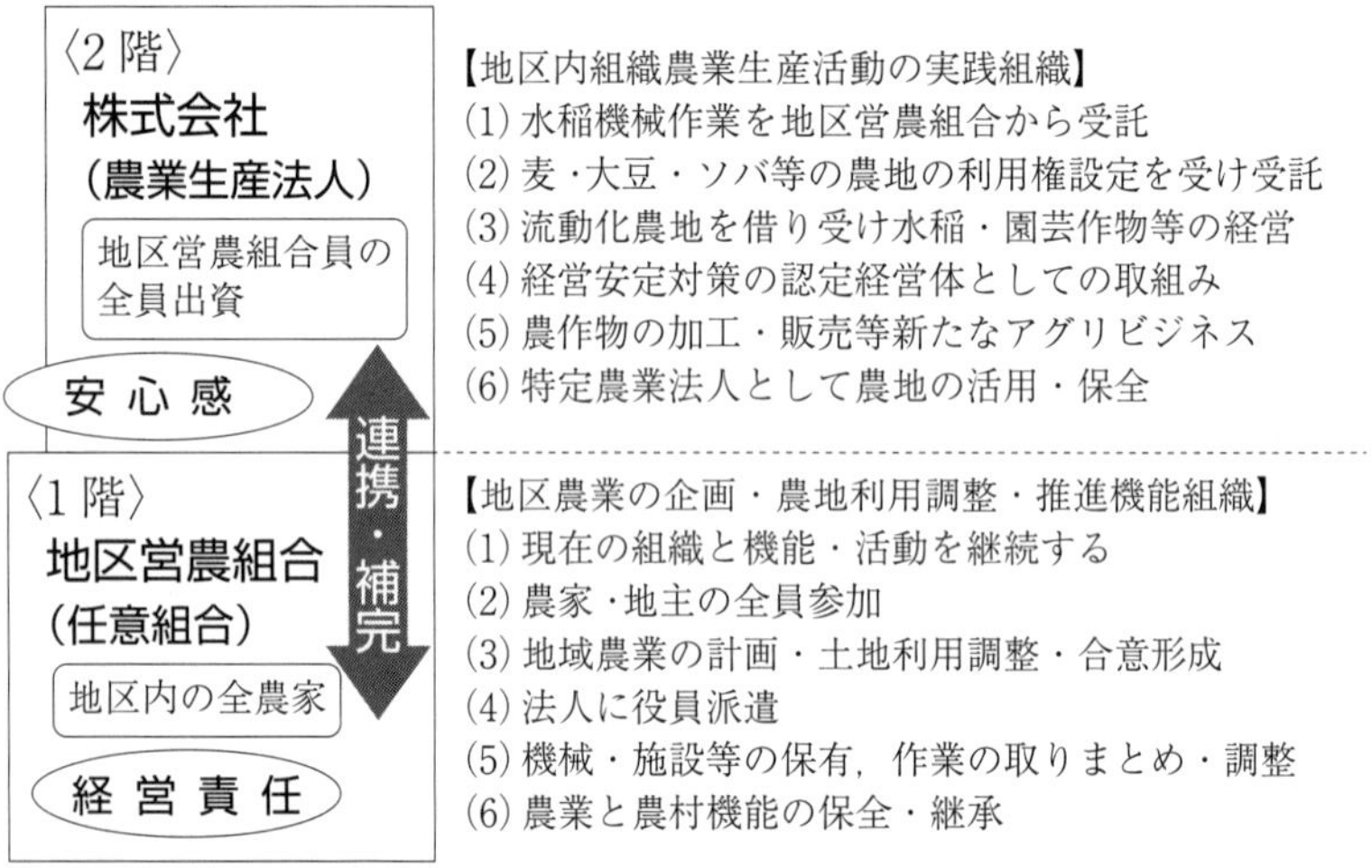
〈2階〉
株式会社
(農業生産法人)
地区営農組合員の全員出資
安心感
【地区内組織農業生産活動の実践組織】
(1) 水稲機械作業を地区営農組合から受託
(2) 麦・大豆・ソバ等の農地の利用権設定を受け受託
(3) 流動化農地を借り受け水稲・園芸作物等の経営
(4) 経営安定対策の認定経営体としての取組み
(5) 農作物の加工・販売等新たなアグリビジネス
(6) 特定農業法人として農地の活用・保全
連携・補完
〈1階〉
地区営農組合
(任意組合)
地区内の全農家
経営責任
【地区農業の企画・農地利用調整・推進機能組織】
(1) 現在の組織と機能・活動を継続する
(2) 農家・地主の全員参加
(3) 地域農業の計画・土地利用調整・合意形成
(4) 法人に役員派遣
(5) 機械・施設等の保有，作業の取りまとめ・調整
(6) 農業と農村機能の保全・継承

図 5-1　地区営農組合 担い手法人（二階建て方式）
注：紫芝 勉氏作成資料による。

る。このなかでもとくに土地利用調整と合意形成が重視されていることはいうまでもない。

ついで2階部分については同じく6項目に集約されている。（1）水稲機械作業を地区営農組合から受託、（2）麦・大豆・ソバ等の農地の利用権設定を受け受託、（3）流動化農地を借り受け水稲・園芸作物等の経営、（4）経営安定対策の認定経営体としての取組み、（5）農産物の加工・販売等新たなアグリビジネス、（6）特定農業法人としての農地の活用・保全、という6項目に整理されている。これからわかるように、㈱田切農産は、農地の利用権設定や受託を受け地区を代表する経営体として活動するだけでなく、農産物の加工や販売という私のかねてより説いてきた地域に基盤をおいた農業の6次産業化を推進する主体としても位置付けられているのである。

このように、田切地区と㈱田切農産の二階建て方式は、世上言われているいわゆる二階建て方式よりもはるかにその深さと広がりをもった内実を示しているといえよう。そういう観点からこの田切方式をぜひとも全国に広めてもらいたいと思う。

3 紫芝 勉君の土地観、農地に対する思想と実践

紫芝 勉君に農地についてどういう見方をしているか問うてみた。いろいろと議論を重ねたが、まずはじめに農地についての紫芝君の総論部分を私なりに簡潔に整理してみよう。「一番上に田切地区の農家が耕作している農地や田切農産が使っているものとしての農地がある。その下に、それぞれの農家のもの、地域の、みんなのものとしての農地や畦畔、水路、堤防などの地域資源がある。だから、水路、土手の掃除・維持管理などは地域が行う。一番下の基盤は国土としての土地資源である」
もちろん、上に整理したような結論に至るまでに、私なりに紫芝君に次に述べるような問題提起をしつつ、彼のこれまでのすぐれた実践活動を通じてどのような農地観が確立されていったか問うてみたのである。私の問題提起を以下簡潔に述べてみよう。

(1)「所有は有効利用の義務を伴う」「農地は子孫からの預かりものである」

「所有は有効利用の義務を伴う」。この原則は農地改革の基本原則であり、私の信念でもある。農地改革で生まれた零細多数の農民の経済的地位の向上と農村の活力を推進するために組織化されたのが、農業協同組合であったはずである。

戦後六十有余年(2011年現在)、それが今風化しようという時代になりつつある。耕作放棄地が激増し、農地の有効利用への関心が低下するなかで、改めてJAは今こそ「所有は有効利用の義務を伴う」「農地はこれから生まれてくる子孫からの預かりものである」という基本理念に立ち返り、その旗を高く掲げ、地域農業の活力を取り戻すべく多彩な活動を行う責務がある。その場合、「農地についての3段重ねの思想、すなわち耕作する上土は耕作する農民、法人あるいは集団による有効活用の考え方に立ち、耕土を支えているその基盤にある中土ならびに畦畔、水路、農道、堤防などは集落、ムラ、地域で保全、管理されており、それらすべてが乗る底土は日本国、日本国民のものである、という3段重ねの農地に対する思想を根底にもちつつ推進すべきではなかろうか」

こういうことをかねてより私は説いてきていたが、この私の考えを紫芝君に話したところ、上記に示したような彼の回答がきたのである。彼のすぐれた田切地区での多彩な農業実践活動を支えているその根底には、このような強靭な思想が横たわっていることを知り、その思想を大いに社会に広めたいと考えている。

(2) 荒廃農地を活かす 月誉平を栗の里へ

全国各地の皆さんに紫芝 勉君のすばらしい実践を知ってもらい広めたいと考え、そのすぐれた活動のいくつかを紹介しておきたいと思う。いずれもその気になればどこでもすぐに実践できる活動である。

月誉平と呼ばれる田切地区の東部にある土地は第2次大戦前開墾され、戦後、野菜などが栽培されてきたが、近年、耕作放棄され、獣害もひどくなり何とかしなければ、と関係者は気をもんでいた。この月誉平の一角は田切地区のお盆の花火を打ち上げる場所でもあり、田切地区住民の皆さんの心の拠り所でもあった。

そこで、栗の植栽を中心として、その経営を行う一般社団法人「月誉平栗の里」を平成23年5月17日に立ち上げ、荒廃農地を栗園に再生している。

その要点を摘記すると次のようになる。

①農地を守るために地主全員(45人)参加の組織、②農地はすべて農地利用集積事業で法人へ集積(4.5ha、77筆)、③国土調査並みの測量を行い土地データの明確化、④作業は会員および会員家族

優先（労働契約）、⑤有害獣対策施設を周囲全部に設置、⑥地区営農組合や㈱田切農産と連携し、土地利用や作業受委託、作業振興を推進、⑦役割分担による6次産業化をすすめ、信州里の菓工房と連携し栗の里づくりを展開。

以上が、一般社団法人月誉平栗の里の概要ならびに要点であるが、そのポイントは、栗を栽培するに終わるのではなく、収穫した栗の売り先として里の菓工房（その本社は岐阜にある）を明記するとともにその企業からは300万円の出資（地元は100万円）をしてもらいつつ6次産業化を推進しようとしていることと、栗が育つまでは㈱田切農産が間作としてソバを植えながら月誉平の管理も行うようになっていることである。荒廃農地の修復、有効利用、そして栗を核とした6次産業化の推進をはかっているのである。

4 高齢技能者を生かす

さらに全国各地の皆さんが見習ってほしいと思うことは、紫芝勉君は㈱田切農産の営農活動を通して高齢技能者を生かしているということである。

かねてより私は全国に向けて「ピンピンコロリ路線の推進を」と呼びかけてきた。その一文を再現させていただこう。

「今、農村では農村人口の高齢化がすすんでいる。しかし、私は農村の高齢者を『高齢者』と呼ばずに、『高齢技能者』と呼んできた。農村の高齢者は単に年齢を重ねてきたのではなく、知恵と技能・技術などを頭から足の先までの五体にすり込ませて生きてきた人たちである。そのもてる知恵と技能を、地域興しに、とりわけ農業生産活動に活かしてもらいたい。高齢者はつくったり加工したりするのは上手だが売るのは下手だ。そのためには、とりわけ若い女性、中堅の女性たちの多面的なリーダーシップが高齢技能者には必要不可欠である。高齢技能者を老人ホームなどに送り込むのではなく、力の要らない野菜の栽培、直売活動、コミュニティ活動など、地域住民や消費者などとの接点を求める活動に、そのもてる知恵と技能を活かしてもらいたい。それが元気の源泉になる。そういう活動を行うなかで、ある日、地域の皆さんにたたえられて大往生を遂げていただくようにしてもらいたい」

こういう私の提案をそのまま地で行くような活動を実は㈱田切農産では実行しているのである。白ネギの栽培とか転作大豆などにおいて実践している。その姿を紹介しよう。

高齢技能者を生かす道——白ネギづくりと大豆除草

白ネギの高齢技能者を中心にした田切地区での栽培の姿を簡潔に紹介しておこう。

種苗、肥料等の資材の提供や農業機械作業（耕耘、畦立て、堀り取りなど）を田切農産が行い、育苗、移植、防除、収穫、選別などの手作業を必要とする分野を共同作業として行い、日常の管理作業としての土寄せ、施肥、除草などを委託された高齢技能者たちが行うよう、白ネギ栽培にあたっての作業によりその責任の所在を分けて、白ネギ栽培を行うよう決めている。

要するに、田切農産が資材（や機械作業）等を用意し、管理者たる高齢技能者たちは日常管理を行う。そして育苗など共同作業にかかわる人件費は田切農産が白ネギ畑の管理者たる高齢技能者に支払うという仕組みになっている。

白ネギの出荷は8～12月までの5か月間継続して行えるよう栽培計画が立てられており、売上高から諸経費を差し引いた収益が高齢技能者たち白ネギ栽培参加者にいくようになっている。そして、出荷量、品質等をもとにプレミアムとして算出し、熱心に肥培管理した高齢技能者には還元されるようになっている。8月上旬、訪ねた折、圃場の現地視察もしたが、雑草1本なく出荷直前のどの圃場も姿が揃い見事な出来栄えであった。

白ネギについては団地化してあるため仲間意識を根底におきつつも競争意識の発揮が、その白ネギ畑に表現されているように思えた。当初は3家族（夫婦単位）であったが、２０１１年は23家族（夫婦）に増え、白ネギ栽培を楽しむだけでなく、フトコロが豊かになることが楽しみだという高齢技能者が増えてきているように思えた。

また、大豆についても、実需者（お客様）の要望で特別栽培大豆（農薬1回のみ使用、有機資材肥料施用）を栽培しているので、大豆の除草作業は地区内の高齢技能者に頼み、すべて手作業で行っている。大勢働くので暑いなかでも楽しく働いてもらい、田切農産としては赤字にはならないが黒字にもならないものの、地域で仕事を創ることが大事だ、と紫芝 勉君は話してくれた。要するに、㈱田切農産は「地域に密着した会社だ」ということを基本に運営、経営されていることが特徴だと思う。

5 「キッチンガーデンたぎり」の設立——農業の6次産業化の拠点

直売施設「キッチンガーデンたぎり」を紫芝 勉君は設立し、２０１０年7月1日にオープンした。小さい直売所であるが、実に小ぎれいな建物で、出荷者は、田切農産に農地を貸している人、田切農産の株主（つまり田切地区の集落の皆さん）、そして後で紹介する多彩な農産加工品をつくる連携をしている製造業者である。手数料は15％。値段は他の直売所などと比較してみると、品物はよいのに安い。

田切地区の皆さんはそんなに高く売らなくてもよい、と多彩な野菜を持ち込むという。常連客が多くスタッフといろいろと会話を楽しみながら買えるというところがよいとのことである。女性のスタッフ10人は近所の人で、うち一人だけ若い女性が営業担当で社員待遇、あとはパート（平均47歳）。その若い女性社員は大阪出身で、両親が田切地区が好きで移住してきて、農業が好き、野菜が好きだと社員になったという。

なお、田切地区の野菜の出荷者は平均年齢65歳くらい、男女半々で最高は80歳ぐらいで、野菜づくりが生きがいという。

高齢者で宅配もしてほしい人がいるので、キッチンガーデンたぎりでは宅配もしている。注文品以外にも見つくろいで持っていくと、追加して購入してくれる場合も多いという。また、ホテルの要請で朝市も始め、さらに通販（東京世田谷区のそば屋の注文が多い）も始めたという。田切農産ではソバをかなり大規模に作付けしているが、世田谷区のそば屋の常連客が多いからだという。ソバを通じたネットワークの形成ということだ。

多彩な農産加工品、6次産業化のさらなる追求

紫芝　勉君のすぐれているところは、さきに「種子を播く前に、売り方、売り先、売り場、売り値

を考える」という企画力にすぐれていると書いたが、その「種子」を何にするか、ということももちろん考えている。次に紹介する豆腐にしてもトウガラシにしても、酒米にしても、ソバにしても、最終加工製品像を考えながら、どういう加工業者（専門家）を選ぶべきか、ということをつねに頭に描いている。真の経営者はそうあるべきだと思うが、紫芝君は地域、つまり田切地区を背負っているという自負と責任感をつねにもっているところが他とは違うのではないか、と私なりに考えている。おもな加工品事業は以下のとおりである。

㈱ゆきわの里工房の豆腐

飯島町に長野県卓越技能者「信州の名工」に選ばれた飯島町の「東屋豆腐店」の店主、大沢英夫さんが健康を理由に2008年に閉店した。町内の皆さんから何とか「あの豆腐を、油揚げを」という要望が強かったので、塩澤和彦さん（59歳）がその技法の奥儀を学び、紫芝 勉君（田切農産）など有志8人が出資して「㈱ゆきわの里工房」を2011年5月14日にオープンした。田切農産などが生産した地元産有機大豆に飯島町与田切公園から湧き出す「越百の水」を使った豆腐を日量300個（当面、絹ごし、もめん）つくっている。さらに焼豆腐、生揚げも予定。もちろん、この豆腐は「キッチンガーデンたぎり」でも売れ筋商品。

小左衛門ひやおろし、特別純米酒 美山錦

田切農産で生産する酒造用原料米「信濃 美山錦」を中島醸造（岐阜県瑞浪市、創業元禄15〈1702〉年）に依頼、創業者の名からとった小左衛門の商標の美酒を造っている。

小左衛門ひやおろしをたしなんでみたが、軽めで、口あたり、のど越しがよく、香りのふくよかなよい酒だった。

「すっぱ辛の素」「国産ハラペーニョピクルス」

「キッチンガーデンたぎり」の裏の畑では多彩なハーブ類や、日本、アメリカ、韓国など原産のトウガラシやペパーの類が20種以上、試作栽培されていた。紫芝勉君の発想では、これから多彩なハーブやペパーの類の消費需要が見込まれるので、その試作と併せて、多彩な加工品を開発していかなければならないという。

その最初の試作品が「すっぱ辛の素」。田切農産で契約栽培したトウガラシ（チェリーボム）と㈱内堀醸造アルプス工場の酢から生み出されたもので、辛さのなかに甘みがあるまろやかなトウガラシビネガーである。焼肉、ラーメン、餃子、野菜炒めに合う。私も試食したが、実に風味があってよかった（50gビン、420円）。

「ハラペーニョピクルス」。塩尻にある㈱「ほのぼの野菜畑」と連携して開発。品種はハラペーニョとチェリーボム。商品は3種類。

6　永続する農業を目指して

以上、紹介してきたように、㈱田切農産を拠点に、米、大豆、ソバ、白ネギなどの主力生産物だけでなく、ハーブやトウガラシの試作なども踏まえ、多彩な企業と連携、活用しつつ、新しい需要を創造するような多彩な食料品を開発し、それらを「キッチンガーデンたぎり」で販売し、消費者の目にふれるようにし、通販に応じ、宅配にも配慮するという、実に多彩な活動を紫芝勉君は企て、実践してきている。

そういう意味では㈱田切農産は、単なる「集落営農の二階建て方式」を行っているのではなく、将来の路線の開発に向けて新しい地平を切り拓いて展開しているのである。

そういう実践を踏まえて、全国の皆さんに紫芝勉君の活動を紹介しつつ、彼の生き方を学び、かつ実践していただきたいと念願する。

最後に、㈱田切農産の農産物・加工品などのおもな販売先と売上高を示しておこう（２０１４年度）。

（１）売上高

水稲５０００万円（43％）　大豆６００万円（５％）　ソバ３００万円（３％）

ネギ３０００万円（26％）　作業受託１５００万円（13％）　直売１２００万円（10％）

計１億１６００万円（１００％）

（２）販売先

ＪＡ49％　契約栽培[1]27％　直売18％　業者６％

計１００％

紫芝 勉君のこれからの目標と抱負を問うたら、次の４点に集約できると答えてくれた。「永続する農業」を目指すという基本目標のもとに次の４点が基本だという。

（１）人づくり——人的資源を生かし経営者をつくる

（２）仕事づくり——小さなことでも新しいことを始める

（３）地域づくり——成果を分け合い、仲間を増やす

（４）物語づくり——伝えることでサポーターをつくる

解説は要らないと思う。全国の皆さん、どうか紫芝 勉君のこの目標を各地で推進し、実現してく

ださい。

（注1）契約栽培には、地元消費者、通販、自然食品販売会社、酒造会社、菓子製造業者、そば屋など含む。

第6章　地域創生の旗手たち（その2）

1　農事組合法人「ふき村」——大分県豊後高田市蕗

大分県豊後高田市蕗《ふき》地区に「ふき活性化協議会」と農事組合法人「ふき村」というのがある。前者は地区住民の自治組織というべきものであり、後者はその地区内で農業の活性化と構造改革を推進している主体である。

この蕗地区は国東半島中央部の中山間地域にある。全国にその名を知られた国宝富貴寺のある地区で、「農業と観光が調和した地域づくり」を目指し、農業を基盤に、地区内各組織と連携し、グリーン・ツーリズムの推進や農産物の加工、販売など6次産業化の推進等地区住民がすべて参加できるような多彩な活動を推進し、活気に満ちている。

(1) 集落営農への取組み

こうした活動のきっかけは、1995年の河川改修と連動した圃場整備事業への着手とそれを契機とする集落営農の組織づくりへの取組みであった。99年にたび重なる討議のうえで地区内3集落を1農場とするという姿の蕗地区営農組合を設立した。そのなかでいろいろと問題点が出てきたが、討議を深めるなかから2004年に農事組合法人「ふき村」へと発展することになった。構成戸数は3集落68戸、経営面積22・7ha、常雇オペレーター1人、作付体系は水稲(13・8ha)、小麦(18・6ha)、大豆(3・1ha)、ソバ(5・8ha)、なばな(0・3ha)で、耕地利用率189%(06年実績)というすぐれた高さを誇っている。これらの作物のほかにアイガモ(1000羽)も飼い、アイガモ水稲同時作も実施している。

農事組合法人「ふき村」には、企画部会、作業部会、オペレーター部会、女性部会、合鴨部会などがあり、それぞれ活発な活動をしているが、その要点のみかいつまんで紹介することにしよう。

(2) 多彩な6次産業化の推進

まず「ふき村」の大きな特徴は、アイガモ水稲同時作を導入し、特別栽培米としてこの地区の米は高く評価され、エコファーマーとしての認定も受けている。しかし、注目すべきは廃鳥の有効活用にある。アイガモは豊後高田市の特産である白ネギと相性のよい点に着目され、この地区の目玉商品に仕立て上げられた。「ふき村」の女性部会が食肉にならない部位も再活用して、「ぶんご合鴨めしの素」などを開発、今では1万パックを超える人気商品となり、ゆうパック商品として注文が後を絶たなくなっているという。合鴨部会と女性部会の見事なネットワークができている。

さらに女性の皆さんは、毎日のようにバスツアーで国宝富貴寺を訪ねる観光客に向けて農産物直売所「蓮華」を設立し、活発な活動をしているだけでなく、別のグループは、都市・農村交流（グリーン・ツーリズム）の基地として、国宝富貴寺に隣接して体験交流館「旅庵蕗薹《りょあんふきのとう》」を拠点に活動している。地産材を豊富に使い、温泉もあり、ゼミナールなども開催できる会議室も備えた個性に富んだ美しい宿泊施設である。ここでは宿泊だけでなく、地元で採れる農林水産物による食の提供のみならず、そば打ちや納豆づくりなどの多彩な加工体験もできるようになっていた。私は泊まる時間的余裕がなく残念だったが、もう一度泊まりに訪ねたいと熱望している。

さらに、女性や高齢者は特産の「なばな」の生産に励んでおり、法人の水田を希望すれば適地はどこでも貸し出すことにしている。そして「なばな」は、この「ふき村」の生産活動への取組みがきっかけとなって、豊後高田市全体へも波及し飛躍的に生産が伸び、今では1億円を超える目玉商品に成長している。

(3) アグリヘルパー活動

さらに「ふき村」では、常勤の多彩な農機具の操作ができるオペレーター(この人は、ここに一家で移住し、定着し、農業技術者として働いている)がいるため、豊後高田市の隣接地域はもとより全域を対象に、大豆やソバの集団転作などの作業に機械つきオペレーターとして派遣するアグリヘルパー活動もすすめている。つまり、山から平野へ降りて活動しているのである。この活動を契機に市内の集団転作面積は大幅に増加し、さらに他地区で集落営農組織が誕生するきっかけをつくっているといわれている。やや古い言い方だが、「辺境から革命は起こる」ということである。

(4) 地域の土地は子孫からの預かりもの

以上、蕗地区の活動の一端を垣間見てきたが、農事組合法人「ふき村」のすぐれた活動により地域の農業の新たな活路を見出し、さらに「ふき活性化協議会」という地区住民のすべてが参画する自治組織の多彩な活動を通して非農家を含め地域住民の快適な定住の場をつくり上げている。

そこに共通して流れている考え方は、「地域の土地は子孫からの預かりもの」という精神であるように思う。土地とは農地だけでなく、地域を潤す水であり、緑豊かな里山や森林であり、宅地や道路などの諸々の地域資源である。地域の土地はたしかに先祖から譲り受けたものであるが、それはあたり前のことであり、重要なことは「まだ生まれてこない子孫から借りている。よりよい状態にして子孫に返さなくてはならない」という思想ではなかろうか。そういう思想がこの蕗地区には脈々と流れているのであろう、それを慕って外部からIターン、Uターンを含めてこれまで合計7家族24名（うち大人12名、子ども12名）が村人となり、中山間地域でありながら人口、それも若齢人口が増えているのである。

さらに地区内だけでなく、前述の「なばな」や「アグリヘルパー事業」を通じて豊後高田市の平坦部や近隣地区へ活力を輸出しているのである。もちろん国宝富貴寺を訪ねる観光客やグリーン・ツーリズムに参加した人びとは、いろいろな姿で交流を深め、全国へ「ふき村」の姿が発信されているのである。こうしたすぐれた活動が高く評価されたのであろう。２００６年度農林水産祭天皇杯の栄誉に輝いたことを紹介して結びとしたい。

2　中山間貝山プロジェクト21——福島県三春町

「中山間貝山プロジェクト21」という奇抜な名称のグループが、福島県三春町貝山地区にある。このユニークな名称からある程度推察できると思うが、中山間地域の活性化をねらいとして２０００年度から実施された中山間地域等直接支払制度を有効に活用することを目的に設立され、活動している組織である。もちろん、行政の指導や介入などはまったくなく自発的に設立し活動している組織である。

まず注目すべきことは、この「貝山プロジェクト21」が掲げている活動方針にある。そのなかで、「農地は、単に先祖から受け継いだ財産ではなく、子孫から借り受けているものであるから、良好な状態に維持して返さなければならない」と高らかにうたっていることである。すばらしい思想である。「農地」という言葉のなかには、当然のことながら、水資源や水利施設、水源林などの山林等々、農業生産、食料生産を維持、発展させるための諸要素を包括的に含んでいると受け取るべきであろう。それらをまだ生まれてきていない「子孫から借りている」という思想、そして「良好な状態に維持して返さなければならない」という思想。この思想こそが、今の日本で、それは農村のみではなく都市を含めて日本国民全体に求められているのではなかろうか。

(1) 多彩な構成メンバー

次に、このグループのメンバーに際立った特徴がある。

代表の大内昭喜、副代表の渡部宣夫、土地管理担当の大内宏、黒羽良市、会計担当の大内将の5人の諸君は、いずれも私が塾長を務めてきた三春農民塾の第1期から第5期に至る卒塾生である。このほかに、地区出身だが農業に関係のない企業に勤めている影山郁雄、橋本一二、中本清三、山崎寛一郎の4人が加わり9人で構成されている。三春農民塾の卒塾生たちは、いずれも町内はおろか県内きってのすぐれた農業経営者で多彩な農業を展開している。ちなみに大内昭喜君と大内宏君とは、かつて福島県農業大賞を受賞している。企業に勤めて参加している4人はそれぞれブルドーザーなどの大型機械免許や測量士、建築士などの特技をもっているという。いずれも多彩な人材が、地域の農地を維持、管理して子孫に返していこうという思想で一致しているという。

(2) 多彩な活動の推進と展開

この貝山地区は77戸、294haと町内では大きい集落であるが、兼業化、高齢化が著しい。中山間地域等直接支払制度の発足当初の実態を紹介しておこう。中山間地域等直接支払制度の協定参加者は73人。交付金は年間422万8297円。畑が多く緩傾斜地が多いので交付金の単価は低い。交付金は協定参加者への個人配分は行わず、地域の共同的な取組みにのみ使用することが、地区協定でうたわれている。

そこで、これまでの多彩な活動の要点のみ紹介しておこう。

（1）耕作放棄された農地を全力をあげて解消してきている。協定締結時には8haの耕作放棄地が存在していたが、これまでにすべて解消し良好な農地に回復している。

（2）回復した農地に飼料作物、牧草を植え畜産農家へ売却、供給し、堆肥の還元を受け農地へ還元するなど有効な活用をはかっている。これまで組織的にはすすんでこなかった耕畜連携の新しい道筋をつけることになった。

（3）さらに近年、水田農業の維持が困難になってきた高齢農家も出てきたため、協定参加者の合意のもとで、コンバインや小型だが効率のよいライスセンターを導入、設置して高齢農家の支援と耕作放棄の解消に努めるなど、活動の分野も広がってきている。

（4）修復した一部の農地で学童農園を創設し、保育所児童を対象にサツマイモの栽培を指導するなど、農業の教育力の発揮に努めるなどの活動もしている。

（5）高齢者に就業の場を創り出している。地域特産のダイコンの栽培、管理、収穫など、働く意欲のある高齢者が健康保持も兼ねて無理なく働ける場をつくり、収入も得られると喜ばれている。

（6）協定参加者のつくった農産物の直売所を開設するとか、地区全員参加の収穫祭を開くなどして、そこで出た収益を交通遺児育成基金に寄付するなど、多彩な社会貢献活動をこの「貝山プロジェクト21」は企画、立案、実行しているのである。

（3）21世紀にふさわしい組織化の課題

以上、「貝山プロジェクト21」の多彩な活動の一端をかいつまんで紹介してきたが、このボランティアの集まりである組織を、さらに永続性のある確固たる組織にするためにはどのような組織形態が望ましいか、鋭意検討中である。つまり地域の将来を考えるうえで、協定参加者を出資者とする農事組合法人や株式会社あるいはＮＰＯ法人等々、いろいろな選択の道があるが、今、討議が深められつつある。いずれにしても、「農地は子孫から借りている」という思想を生かし、実現させる道を考えているのである。

私が三春農民塾の塾長になって、今年で早や足掛け25年になるが、その卒塾生たちと彼らの友人たちが、このような先進的な活動に胸を張って取り組んでいる姿を見ると、私なりにすすめてきた農民塾運動は、それなりの価値をもっていたと改めて痛感している。

全国各地で、中山間地域の衰退を嘆くのではなく、この「貝山プロジェクト21」に見られるような地域再生の多面的な活動に取り組んでもらいたいと切に願う次第である。

“Challenge, at your own risk”（挑戦と自己責任の原則）の精神で頑張っていただきたい。

第7章　地域創生の旗手たち（その3）

1　辺境から革命は興る——山形県酒田市日向三ケ字地区

特定農業生産法人、株式会社和農日向《わのうにっこう》というのが、山形県酒田市（旧八幡町）日向三ケ字地区に、2007年2月11日に誕生した。加工・販売等の分野ならともかく、農業を主たる活動分野として農村の内部から地域を基盤に内発的に株式会社の組織形態を選択して設立されたという前例を、山形県下ではもちろん全国でも聞いたことがない。

株式会社を選択した意図のなかには非常に重要な要素が含まれているが、その点は後に詳しく考察してみたい。

また、酒田平野の中心部の歴史的に見ても優良水田地帯から新しい動きが起こらずに、鳥海山麓の日向川上流の中山間地域からこういう斬新な発想のもとに革新的な動きが出てきたことに、やや古めかしい表現だが、私は「辺境から革命は興る」という言葉を想起したのである。

(1) 共同活動の積み重ねを生かす

日向三ケ字地区(下黒川、上黒川、草津)は、東経140度北緯39度という記憶に残る地点にある。

この地区では、かねてより中山間地域等直接支払制度を生かすべく集落協定を組織化し、水田の圃場整備事業を実施し、さらに高齢化・兼業化の進展のなかで農用地利用改善団体を設立するなど、多面的な地域の共同活動をすすめてきていた。そういう共同活動の積み重ねのなかで、登場した品目横断直接支払制度という農政改革にいかに対応すべきか討議を深めてきていた。

その討議のなかで、単に農政改革に対応する水田農業のみの改革にとどまったのでは、地域の将来展望が見出せないのではないか——こういう考え方のもとに株式会社という組織形態を選択したのである。

そこで、なぜ株式会社という組織形態を選択することにしたか、その背景と理由ならびに根拠について整理してみよう。

(2) なぜ株式会社か

第一、定款を見ると、農業および農業関連事業と併せて、農産物の加工・販売、林業にかかわる事業、除雪や建設などの請負事業、農業生産資材の製造・販売など広範な事業分野が盛り込まれている。農村地域社会、とりわけこの地区のような中山間地域では水田農業のみで成り立っているわけではなく、林業はもちろん除雪などの多分野にわたる活動をしなければならないことを意図しているのである。

第二、農業については、地区内農家62戸のうち53戸から50haの水田の利用権の設定をこの株式会社が受け、多面的に活用しようとしている。食用の水稲はアキタコマチを中心に約30haの作付け（生産調整の割り当てを遵守）のほか、後に述べるホール・クロップ・サイレージやソバ、赤カブ、山菜、花木など、多彩な作付体系のうえで高度活用を目指している。

第三、この地区の非常に大きな特徴は、ホール・クロップ・サイレージづくりを通して、耕畜連携の望ましい方向を打ち出しているところにある。ホール・クロップ・サイレージとは、水稲の登熟期に実もワラも併せて刈り取り、ラッピングして乳酸菌などを加えて、乳牛などの良質発酵飼料となるものである。

すでに中山間地域等直接支払制度の交付金で調達したラッピング機械などを引き継ぎ活用しようと

しているが、この飼料は鳥海高原牧場や遊佐町など近隣地域の酪農家に高く評価され、飼料高騰のなかで引く手あまたの状態である。他方、畜産廃棄物であるふん尿は堆肥として全量引き取り、10ａ当たり2ｔを水田に還元して地力の向上に役立てている。

第四、株式会社を選択したいまひとつの、かつ最大の理由は、農事組合法人などの場合は構成員全員の一人一票の原則のため容易に意思決定ができにくい場合が多いが、株式会社の場合には取締役会で迅速な意思決定ができ弾力的かつ的確な運営が行える利点が大きいという。もちろん取締役会の自己責任の原則を徹底するとともに、地権者等構成員関係者への情報公開と意見の汲み上げは徹底して行っている。

(3) 地域興しは人材から

以上、日向三ケ字地区での株式会社和農日向が、なぜ株式会社を選択したか、その理由と根拠について整理して述べてきたが、最後に強調しておきたいことは、取締役会などのリーダーの資質についてである。

取締役社長の阿曽千一君と取締役（販売・営業担当）の阿曽右貢君の両君は、私が塾長を務めている酒田スーパー農業経営塾の卒塾生である。その卒塾論文では、三ケ字地区の将来像とそのために株式会社を設立して新しい時代を切り拓くという内容を2人とも明快に展開している。

この卒塾論文に結実する前提には2006年7月に三ケ字地区でスーパー農業経営塾の公開研究会を開催したことが大きな契機になったように思う。この会合には塾生たちはもちろん、地区の長老や役員はじめ住民の皆さんも多数参加した。

この席上で、私は「今の小学生、中学生がこの村に残るか、残って農業をやるだろうか、農業をやってもらうためにはどうすべきか」という問題提起をした。議論は白熱した。それを紹介するいとまはないので省略せざるを得ないが、リーダーたちはもちろん、村人たちの将来構想に向けての意思は、これをきっかけに固まっていったように思う。

さて、両阿曽君以外に取締役3人、監査役2人がいるが、いずれも市内の有力企業や役所に勤めており、それぞれ経理や建築士、あるいは大型免許をもつなど、多部門のエキスパートが揃っている。また社員は1人専従でいるが、農業技術はもちろん、大型機械についての免許はほとんどもっているという有能な人材で、この会社を支えている。

私はかねてより「多様性のなかに真に強靭な活力は育まれる。画一化のなかからは弱体性しか生まれてこない。多様性を真に生かすのがネットワークである」と説いてきたが、株式会社和農日向は、まさに地域に根ざした新しい時代のネットワークであると考えている。この地区の小学生、中学生が、

5年後、10年後には、和農日向をさらに発展させようという熱いまなざしを向けるようになることを心から期待したい。

2 水田を3倍活用し高所得を実現——鈴木晃さん（静岡県森町）

(1) 土づくりのための米づくり

秋から冬、そして春にかけては水田は一面レタス畑になる。さらに春から初夏にかけては、そのレタス畑にスイートコーンが青々と生い茂っている。レタスを収穫した跡のマルチの植穴にスイートコーンの種子を播いたのが育ち伸びるからである。他方、スイートコーンを収穫した跡は、大型トラクターでスイートコーンの茎葉を踏み込み、用水を入れ水田に変わり、初夏から秋にかけては水稲が育ち稔る。このように、水田の姿は1年間に3回変わる。

こういう農法を、試行錯誤を乗り越えて実現しているすぐれた農業経営者がいる。鈴木晃さんといい、静岡県中央部の森町の方である。

水田の姿が1年間にどのように変わるかをわかりやすく、その月別変化も入れて表現したのが図7－1である。水稲をその年に作付けしなかった水田に8月下旬からレタスを植え、順次水稲収穫跡の

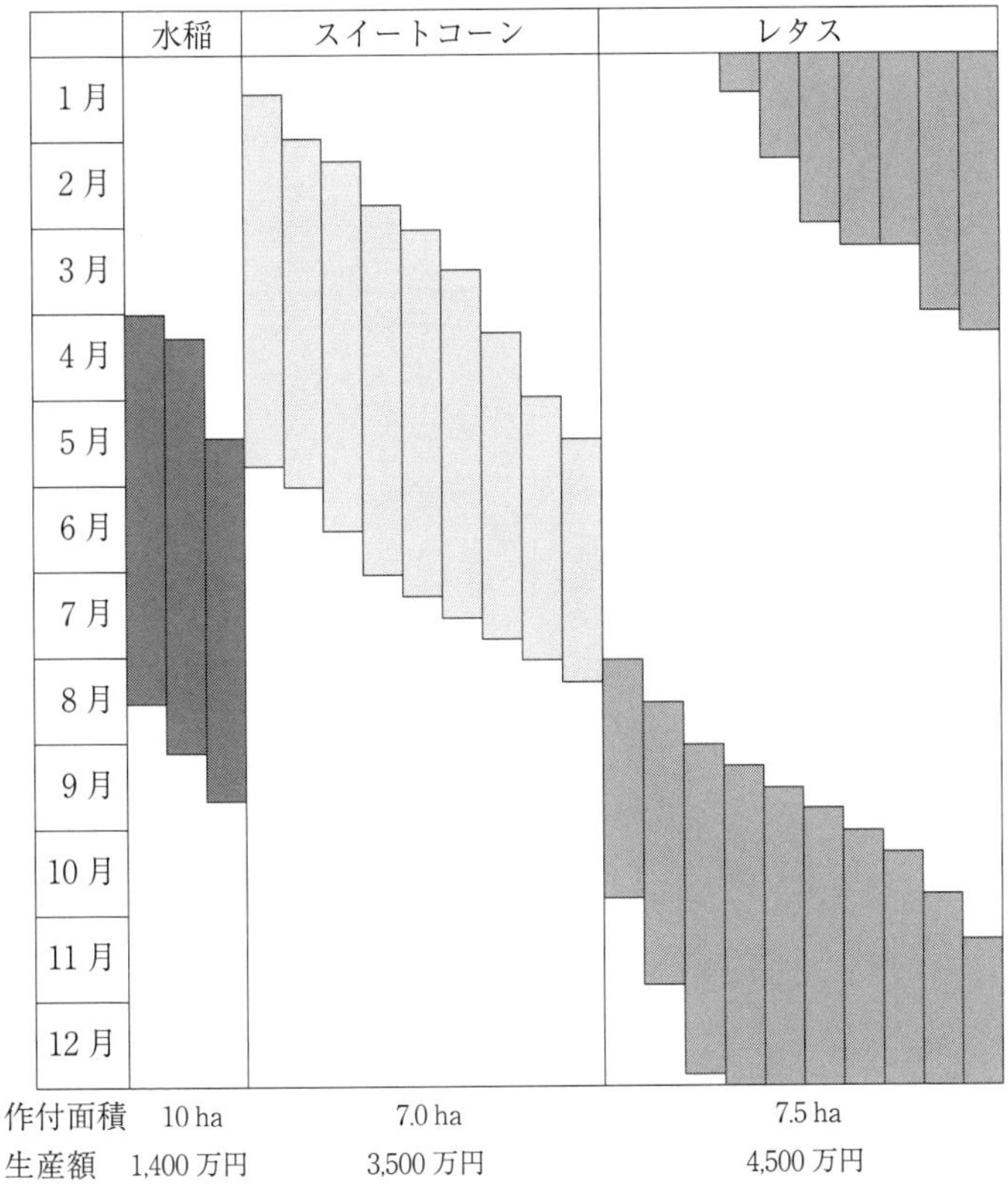

図 7-1　水田を３倍活用した年間作付体系（平成 17 年実績）

- マネージメントとフィールドワークの分離
- ３作目を組み合わせた輪作体系
- 作期，労働力の分散→リスク分散

水田にレタスを植えていき、レタス収穫後にスイートコーンを順次植えていく姿がこの図からよくわかると思う。

ただし、鈴木さんが強調していることは、必ず水田に戻し水を張らないと駄目だということである。「水田の偉力はすごいものです」と強調する。水田に一度戻さないと連作障害や忌地現象が起こるが、水田に戻せば、そういう問題は一度も起こっていないという。「土づくりのための米づくりということですわ」と破顔大笑していた。

このように水田の3倍活用によって、経営リスクの分散をはかっていると同時に労働の分散も行っていることが、図から推察できると思う。

自作地は2ha、借地が15ha（平成17年度）の水田を図に見るようにうまく回転させて、9400万円の生産額を上げているのである。レタスはJA遠州中央のレタス部会長に推されてJA共販体制で出荷し、また、スイートコーンは直売方式をとっているが、このところ毎年品切れになるような売れ行きで、できたところから飛ぶように売れるという。品質がよいからだと思う。

水稲10haのうち2ha分は、食用ではなくホール・クロップ・サイレージに供用している。近隣の酪農家がグループをつくり、ラッピングマシンを持ってきて収穫しサイレージにしている。もちろん、鈴木さんの周辺の水稲収穫跡の水田には稲ワラは放置されておらず、酪農家や肉牛農家が集め、飼料や敷きワラに持っていくだけでなく、鈴木さんもワラを集める。ワラが残っているとレタスがつくりにくいからである。

こうして耕畜連携ができ上がり、地域集団で設置した堆肥センターもあり、そのうえに鈴木さん個人でも堆肥舎をもち、完熟堆肥をレタス栽培に活用している。

水田借地についての森町の標準小作料は1万3000円／10aであるが、水田を3回転も行い、所得も上げていることも考え、鈴木さんは1万8000円／10aの地代を支払っているという。もちろん、高齢農家や兼業農家の要望もあり、30a区画に整備された水田だけでなく小区画水田も地域のため、高齢者のためと考えて借りてあげていると言っていた。こういう状況も含め、鈴木さんの借地は年々拡大し、平成20年には20haになるのではないかと言っていた。

(2) 若い農業経営者群が次々と地域に育つ

この森町周辺はもちろん、浜松から掛川に至る静岡県中西部地域は、ヤマハ、スズキ、ホンダの本拠地でもあり関連企業が林立する。

しかし、そういう工場になじめないで農作業が好きだという人びとが中高年の方々には多いという。鈴木さんはそういう方々をレタスやスイートコーンなど手作業を必要とする分野に20人程度雇い入れている。そのうち12～13人は通年雇用し、7～8人はレタス収穫・出荷あるいはスイートコーン収穫・直売のピーク時に臨時雇用として雇うという。通年雇用するのはなかなか経営的には容易ではないが（とくに水稲だけが水田にある7～8月は農閑期）、12～13人の中心となる人びとは通年雇用し、給料をきちんと払うことにより一定の技術水準をもち意欲のある人材を確保しておくことが、農業経営を順調に運営するうえでは重要だという。そういう意味では、鈴木さんの農業経営は、地域に新しい安定した雇用の場をつくっていることになっている。

さて、12年前、この地区の農協青年部は鈴木晃さん一人を残して解散してしまった。つまり、農村の青年たちも、高卒の新人たちも、ヤマハ、スズキ、ホンダなどへ大波がきたように流れ出してしまい、「農業の後継者」は皆無になってしまったということである。

しかし、ここ2～3年、そのようにして会社勤めに出ていた青年たちが、鈴木さんの背中を見て「やりようによっては、工場勤めより農業のほうがはるかにもうかる」と考えたのであろう。今や30人近くが農業へ帰ってきて、「JA青年部が復活しましてね」と鈴木さんは笑顔に満ちていた。とりたてて勤めに出ていた青年たちを鈴木さんは口説いたわけではないという。いろいろと農業経営について鈴木さんに聞きにくれば、答えたり、教えたりしたが、「農業に戻れ」と説得などしなかったという。つまり、私がこれまで若者たちに説いてきた“Challenge, at your own risk.”（挑戦と自己責任の原則）ということを地でいっているのではないかと思う。

鐘や太鼓で「後継者育成」（この言葉ほど私の嫌いな言葉はない！）など叫ばなくても、しっかりした先達（鈴木晃さんのような方）がいれば、その背中を見て、次の世代はすぐれた農業経営者に育っていくものだと痛感した。鈴木さんの集荷作業場から５００haにもわたる美田が見渡せる。この水田地帯も、今から数年前までは減反、休耕で葦やススキが生い茂っていたらしい。それが今や一変しつつある。初夏にお訪ねしたときには青々とした水稲とスイートコーンが育っていた。秋にお訪ねしたときには、水田は次々と畦立てされ、その一部にはすでにマルチが張られ、レタスの移植がすすめられている光景に変わっていた。新たに参入しＪＡ青年部を再建したという若者たちにはまだ会っていないので、来年訪ねて一献酌み交わすのを楽しみにしておこう。

第8章　飼料米を活かす道——耕畜連携の新しい道

1　飼料米生産を通じた高級豚肉供給システム——農・産・学・官・消連携システムの意義

わが国の食料自給率は供給熱量（カロリー）ベースで40％を割り込んでしまった。穀物自給率に至っては28％、先進国のなかではもちろん世界各国のなかでも最低水準である。他方、主食用米について見れば、少子高齢化も加わりその需要は年々10万tの需要減少が予測されており、米の生産調整、つまり減反は水田の35％にも達してしまっている。大豆や麦などいわゆる土地利用型部門で米からの転作が推進されてきたが、地域的には成果を上げているところもあるが、東北などのいわゆる米単作地帯といわれてきたところでは大きな成果は上げられていない。

こうした背景のもとで「飼料米生産」に取り組んでいる山形県庄内地域で、精力的な実態調査を行ってきた。一つは遊佐《ゆざ》町における豚の餌としての飼料米生産、いま一つは前章で紹介した、ホール・クロップ・サイレージ方式による牛の餌としての生産を行っている酒田市日向地域の㈱和農日向である。ここでは前者について、系統的にその成果と課題ならびに解決すべき問題点を明らかにしてみたい。

飼料用の米としての稲作が地に足をつけた形で実現されるならば、確実な需要のある畜産部門の振興を通して穀物自給率の向上に寄与することができるだけでなく、耕作放棄地の解消など農地の有効利用ならびに水田のもつ多面的な機能の発揮を通して環境保全にもつながる。さらに、米を家畜に与えることにより肉質のすぐれた高級畜産物を供給できれば需要は一段と伸びるであろう。また、家畜の排泄するふん尿が優良な堆肥化や液肥化により農地に還元されるならば、地力の維持向上と環境保全に大きく寄与できることはいうまでもない。

このような結構づくめの話ではあるが、最大の問題は飼料米生産に伴う生産者農民の採算、つまり所得にかかわる問題であり、養豚業者の採算の問題であり、さらに生産された肉類が消費に結び付くかどうかという問題である。こうした課題をどのように解決してきたかを以下紹介しよう。

遊佐町では、2007年には飼料米生産面積130ha、生産量691t、生産者数231名となり、着手初年度の04年の7・8ha、30t、24名から見れば大きく伸びている。この生産された米をJA庄内みどり（遊佐支店）に出荷し、全農庄内で保管・貯蔵して、注文に従い北日本クミアイ飼料へ出荷して米粉を10％含有する配合飼料をつくり（10％分をトウモロコシと代替、10％が最適となった背景についてはいずれ後述する）、これを㈱平田牧場に供給する。平田牧場はわが国でも有数の養豚事業者であるが、その本場ならびに提携養豚農家でこの飼料米入り配合飼料を、とくに仕上げ段階で給与して豚肉生産を行う。飼料米を与えた豚肉は、肉質、とりわけ脂質が著しく向上してくるといわれている（この点も詳しく後述）。こうして生産された豚を生食用として加工・出荷するだけでなく、平田牧場では多種・多様な加工も行っている。流通、販売については直売店などもあるが、その主たる対象は生活クラブ生協連合会であり、その会員が消費者となっている。

このように、飼料米生産にあたっては、遊佐町―農協―飼料米生産者―農協連合会―飼料メーカー―養豚事業者―生協―消費者というネットワークができているだけでなく、山形県（農政部門、技術研究部門）と山形大学農学部（作物部門、畜産部門）などとの連携、協力のもとにすすめられている。要するに、農・産・学・官・消というネットワークがその基礎にあってはじめてできているのである。

2　飼料米と豚肉生産

(1) 飼料米の活用と豚肉価格の関係

飼料米生産は、食料自給率の向上、耕作放棄地や水田の有効利用、耕畜連携による地力の維持・向上、環境保全型農業の推進等々、結構づくめな課題解決の方向を示している。

しかし、最大の問題は、飼料米のコストと生産農家の所得にかかわる問題であり、また養豚経営の飼育コストの上昇、さらに枝肉コストの上昇による消費者の負担の増加という問題である。

その関係がどのようになっているか。平田牧場で作成した試算表を表8－1に示してみた(1)。

この表は実にわかりやすくかつ巧みにつくられている。飼料米価格と対トウモロコシ価格の格差、米を10％配合した(トウモロコシの代替)ときの飼料費の増加分、その結果としての枝肉コストの上昇(1kg当たり)の関係がわかりやすく、それも連動してわかるように示されている。

(注1) この資料は『農業技術体系』畜産編第7巻、追録第25号、2006年、農文協、7頁、第3表による。執筆者は池原彩氏(平田牧場生産本部)。

表 8-1　飼料の増高経費の試算

（単位：円）

飼料用米価格		買増価格 /1 頭		枝肉コスト
1t 当たり	60kg当たり	対トウモロコシ	10% 配合時	1kg当たり
30,000	1,800	+12,000	+228	+3
40,000	2,400	+22,000	+418	+6
50,000	3,000	+32,000	+608	+9
60,000	3,600	+42,000	+798	+11
70,000	4,200	+52,000	+988	+14
80,000	4,800	+62,000	+1,178	+17
90,000	5,400	+72,000	+1,365	+20
100,000	6,000	+82,000	+1,558	+22
150,000	9,000	+132,000	+2,508	+36
200,000	12,000	+182,000	+3,458	+49
250,000	15,000	+232,000	+4,408	+63

出典：『農業技術体系』第 7 巻，追録 25 号，2006，農文協 p.7 による。

（2）豚肉生産費の上昇と飼料米

通常、豚は生まれてからおおよそ180日前後（半年間）で肉豚として出荷される。しかし、平田牧場の場合は通常より肥育期間を延長し約200日間かけて飼養し出荷することとしているようである。その理由は、豚の品種が一般のそれとは異なり（この点は後述する）、仕上げ段階で大麦や飼料米を飼料に加えることにより、効率よりも高品質の肉質を追求しているからとのことである。

さて、仕上げ飼料を給与する期間は約80日（3か月弱）で、平田牧場では、豚1頭当たり出荷までに仕上げ飼料を190kg食べさせているという。飼料に10％の飼料用米の配合割合であれば、飼料用米を19kg食べさせていることになる（飼料用米を10％トウモロコシと代替させるのが、実験結果によると最適とのことである）。そこでさきに掲げた表８－１に戻ろう。

２００６年段階での飼料米とトウモロコシの価格を前提とする試算は次のようになる。

飼料用米の購入価格は４万円／ｔ（60kg当たり２４００円）、代替対象飼料のトウモロコシは1万８０００円／ｔ前後で推移してきていたので、養豚経営にとっては飼料米利用は当然割高になる。一般的に養豚経営においては、飼料購入費は経費の約６割を占めているので、飼料の価格変動は枝肉コストに大きく影響し、経営収益の動向に決定的な作用を及ぼす。

さて、飼料米価格が４万円／ｔの場合、トウモロコシと比べて2万２０００円／ｔだけ高くなり、10％飼料米を配合の場合には１頭当たり飼料費は４１８円増加することになる。こうした結果、枝肉コストは１kg当たり約６円増加することになる（表８－１の第2欄目を参照）。このコストの上昇分を、平田牧場では、飼料米給与による高品質豚肉としての差別化とともに、生活クラブ生協との産直方式による流通コスト等の合理化、削減に努めることにより対応してきているのである。以下、平田牧場特有の銘柄豚にかかわる問題、飼料米で肥育した豚肉に対する消費者の反応などについて改めて述べよう。

(3) 平田牧場の豚の品種特性とその歴史

現在、平田牧場で飼養されている中心品種は、肉質と食味を長年追求してきて作出したランドレースとデュロックのF_1母豚にバークシャーを止めオスとして交配したLDB種「平牧三元豚」が主力である。そのほかにも中国系品種である金華豚を止めオスとして交配した「平牧金華(桃園)豚」や、金華豚の純粋種である「平牧純粋金華豚」も生産している。

ところで、平田牧場は1967年に庄内地方の青年養豚家たちによって設立されている。現在、平田牧場の会長になっている新田嘉一氏が、昭和20年代後半の食糧難時代に子豚2頭を導入し、地域の青年たちに「将来必ず日本にも欧米型の食生活がくる」と呼びかけ、59年に同志とともに楢橋養豚共同飼育組合の旗揚げをしたという歴史があり、そうした経緯のうえで平田牧場が設立されたのである。

73年に、東京を本拠地にして活動していた生活クラブ生協と出合うことになり、豚肉の産直事業を開始する。当時としては考えられなかったブロック肉での供給を実現し、豚1頭の全部位をまるごと販売する「豚の1頭買い方式」の確立や、市場相場の乱高下を排して再生産を可能とする安定した養豚生産基盤をつくっていくために、合理的な生産コストを考慮した年間固定価格による豚肉の売買システムを構築したのである。

周知のように、当時、養豚経営が必ず直面していたのが、いわゆるピッグサイクルである。これは、生産した豚の価格が需要と供給の関係で、年度、季節で乱高下する周期のことをいう。平田牧場も養豚共同組合の旗揚げから8年間、さまざまな苦労と勉強を重ねるなかで自分が生産したものは自分で販売しなければ養豚経営は安定しないという考え方から株式会社の設立となり、さらに前述のような生活クラブ生協との強いきずなができ上がっていったのである。

なお、生産規模は直営農場のほか、山形県内外に50戸余の提携生産者がおり、平田牧場グループとして年間出荷頭数は20万頭以上となっている。

（4）飼料米給与による肉質と食味の変化

平田牧場の新田嘉七社長は「昔から庄内地方では鉄砲打ちたちは、落穂をしっかり食べたカモはおいしいと言い珍重してきた。米を食べた豚も同じことだと思います」と話してくれた。

平田牧場では、飼料に米を混入し給与した成果について、牧場独自の分析はもちろん、各地の試験場、研究機関で行われた発育や肉質への影響等についての詳細な分析結果を公表しているが、ここではそれら詳細な分析結果は省略して、要点のみを紹介するにとどめよう（その詳細については『農業技術大系』畜産編第7巻、追録第25号、2006年、農文協、を参照していただきたい。詳細な専門的分析と記述がある）。

そこで、理化学分析結果と食味官能評価の2点にわたる要点を紹介しておきたい。

①水分含量と粗脂肪含量　肉に含まれる水分や脂肪は、食べたときの肉汁感、パサパサ感などに影響するといわれている。豚の水分含量は約70～75％であり、粗脂肪含量は約3～4％で、肉の質を左右する大きな要因である。その量は品種や飼育方法により大きく変動する。水分含量と脂肪含量は拮抗的であり、どちらかが増えれば他方が減る関係にある。表8－2に示したように飼料米配合割合10％の「10％区」と0％の「対照区」を比較した場合、脂肪含量は10％区が4・7％、対象区が3・1％であった。この結果から、10％区は、脂肪、いわゆるサシが増えたことが推察される。

②脂肪の融点　脂肪の融点とは脂肪が溶け始める温度であり、脂肪の質の目安となるといわれている。豚の脂肪の融点は約30～40℃であるが、低すぎると軟脂と呼ばれ、風味も悪いために品質の悪い豚として敬遠される。また高すぎても食べたときになめらかさがなく、一般的には口の中でほどよく溶ける温度（35～

表8-2　飼料米給与の分析（理化学分析値）

飼料米配合割合	0％の豚	変化	10％の豚
粗脂肪含量（％）	3.1	↗	4.7
脂肪が溶け始める温度（℃）	38.4	↘	34.3
肉の色（明るさ）	51.3	↗	51.4
脂肪の色（白さ）	76.7	↗	81.1
＊ステアリン酸（％）	16.6	↘	14.9
＊オレイン酸（％）	40.7	↗	43.1
＊リノール酸（％）	12.6	↘	8.9

注：「飼料用米プロジェクト」資料による。

表8-3　飼料米給与の分析（官能評価，食味アンケート結果）

飼料米配合割合	0%の豚	変化	10%の豚
脂肪が白いと思うほうは？	45.7%	↗	52.5%
肉色がよいと思うほうは？	37.5%	↗	50.0%
やわらかいと感じたほうは？	37.5%	↗	47.5%
香りがよいと感じたほうは？	30.0%	↗	36.7%
味（風味）がよいと感じたほうは？	42.5%	↗	50.0%
総合評価	42.5%	↗	50.0%

注：「飼料用米プロジェクト」資料による。

37℃）くらいがよいとされている。10％区では34・3℃で、対照区は38・4℃となっており、4℃ほど違って低くなっている。脂肪の融点が下がることにより、なめらかさが向上したと考えられている。

その他の理化学分析値については専門的になるのでふれないこととするが、肉の色も若干明るさが上昇していること、脂肪の色の白さも向上しているなど、10％区のほうが消費者の眼をひきつける要素が向上している。

③食味アンケート結果——官能評価　飼料米を給与した豚と対照区の給与していない豚を、生活クラブの組合員約100名に実際に食べてもらった結果を示したのが表8－3である。試食はしゃぶしゃぶで行った。アンケート項目の詳細は省略するが、その結果をまとめてみよう。

豚肉の見た目について見ると、①脂肪が白い、②肉色がよいという二つの項目とも10％給与の豚のほうが高くなっている。また、食べてみたときに、①やわらかいと感じたか、②香りがよいか、③味（風味）がよいか、という3点についても、いずれも10％給与の豚肉のほうが高くなっている。

こうした結果、総合評価として10％給与豚のほうが食味アンケートの結果として高く評価され、消費者に好まれていることが明らかになった。飼料米を給与した豚づくりに、強い消費者の味方が増えたということを示している。

以上、主として川中、川下のことについて述べてきたが、次に川上、つまり飼料米生産の現場の考察に入ることにしよう。

3　飼料米生産の現場

(1) 飼料用米プロジェクトの立ち上げとその背景

飼料米を生産している遊佐町の概要をまず紹介しておこう。遊佐町は、山形県庄内平野の北端に位置し、平坦地では稲作を基幹作物とし、日本海に接する砂丘地帯では畑の野菜栽培、中山間地では養豚を中心とした複合経営が展開している。水田率87％の水稲生産は、生産者の高齢化、兼業化、米の生産調整の強化なども重なり、耕作放棄地の拡大が懸念されている。

また、遊佐町では平成10年度に「環境基本計画」、12年度に「環境基本条例」、14年度に「新エネル

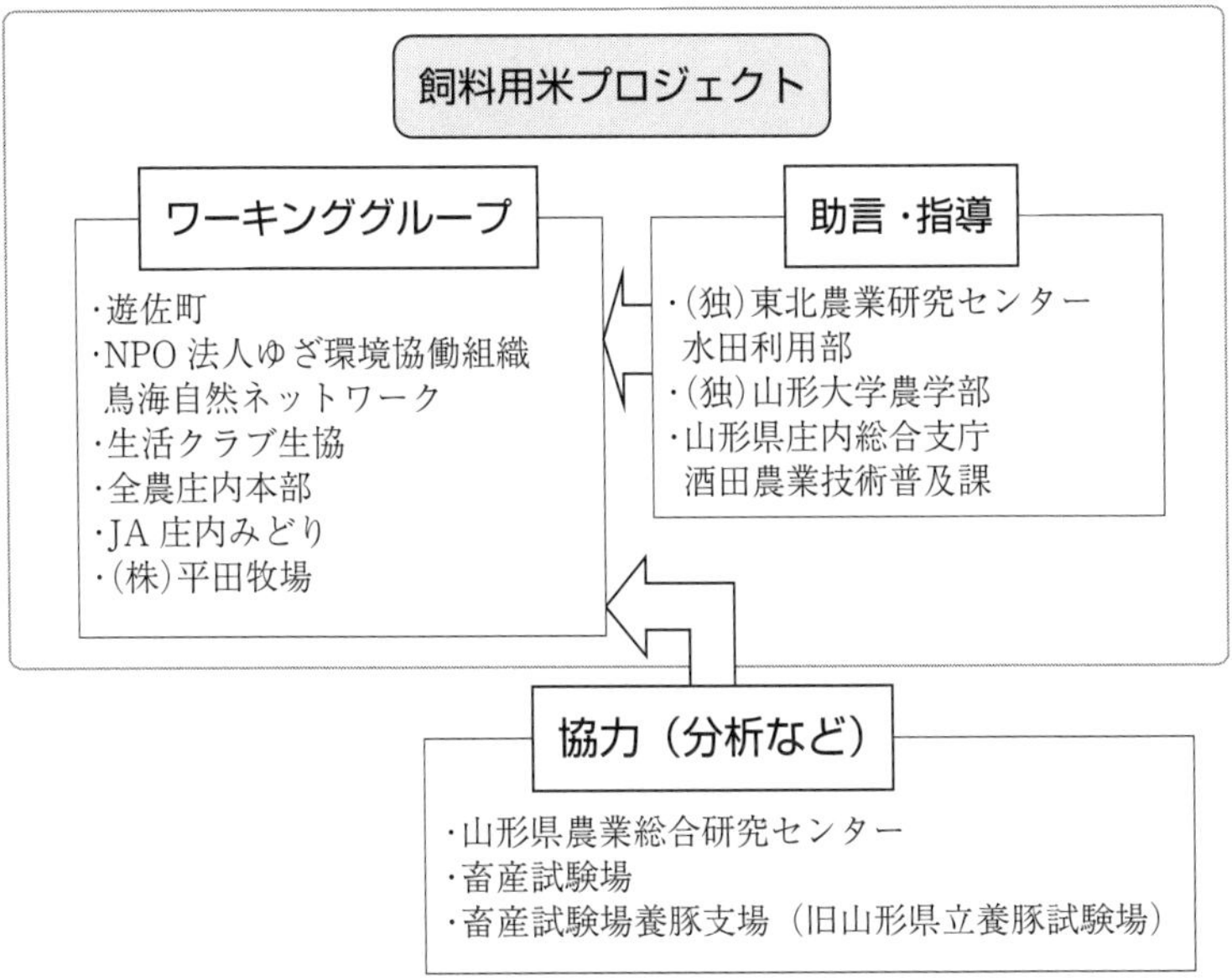

図 8-1　飼料用米プロジェクトの構成

ギービジョン」を策定し、環境保全に関した総合的な取組みが行われてきていた。

これらを背景に、農地とりわけ水田の有効活用と保全、環境保全型農業の推進、食料自給率の向上に寄与することを目的として、16年度に「飼料用米プロジェクト」を立ち上げた（図8－1参照）。

飼料用米の生産は採算性の問題から、生産者個々による耕作に限界があるため、栽培コストの低減をはかり、飼料用米の生産拡大に弾みをつけるモデル的な取組み主体としてＮＰＯ法人による農業経営参入を検討し、ＮＰＯ法人による農業経営参入の容認を求める「食料自給率向上特区」を申請、平成17年1月に認定された。

こうして図8－1に示したように、遊佐町、JA庄内みどり（実際は遊佐支店中心）、NPO法人、全農庄内本部、㈱平田牧場、生活クラブ協同組合連合会（以下、生協と略称）などをメンバーとし、山形大学、山形県行政・研究・指導機関等の助言、協力関係のもとに16年度から3年間の予定で「飼料用米プロジェクト」が発足し、活動を推進してきた。このプロジェクトの活動の内容は主として次の4点におかれていた。

① 産地に適した飼料米品種の選定
② 家畜給与における肉質の調査ならびに食味への影響調査
③ 生産費ならびに構造改善への具体策（飼料用米の作付け地の集約や栽培実験）
④ 飼料用米生産による国内自給率向上効果の調査等

なお、平成17年1月に特区申請に伴ない許可・認可された「NPO法人ゆざ環境協働組織鳥海自然ネットワーク」について簡潔に紹介しておきたい。プロジェクト立ち上げ前の状況は飼料用米生産や農地賃貸についてきびしい制約があったため、NPO法人の設立と併せて「食料自給率向上特区」の申請を行った経緯は前述のとおりであるが、NPO法人による飼料用米栽培の流れは次のようになっていた。①町は耕作放棄地を借り上げ、集約をはかった後、NPO法人に貸し付け、②NPO法人は生産者に作業委託して飼料用米を栽培、③収穫した飼料用米は農協を経由して養豚事業者㈱平田牧

表8-4　飼料用米生産の状況

	生産面積(ha)	生産収量(t)	10a当たり収量(kg)	生産者数（名）
平成16年度	7.8	30.0	384.6	24
17年度	19.2	107.7	560.9	37+NPO法人1
18年度	60.5	347.3	574.0	110+NPO法人1
19年度(暫定)	130.0	691.0	531.5	231

注：「飼料用米プロジェクト」およびJA庄内みどりの資料による。

場）へ販売され、豚の飼料として与えられる。

このNPO法人は現在では山間部の耕作放棄地の管理が中心で、19年にはわずか70ａのみの管理を行うだけで、飼料用米生産は後述のように多くの水稲生産者により行われている。

（2）飼料用米生産の現状

飼料用米生産の現状と推移を整理すると表8－4のようになる。

表に見られるように、生産面積、生産収量、生産者数とも着実に伸び、とくに平成18年度から19年度にかけての最近2年間の伸びは著しい。16年度は取組み初年度であったが、未曾有の潮害により遊佐町の米生産そのものが激甚被害を受けたので、この年を例外とすれば飼料用米生産は着実にかつ大きな広がりを見せつつ伸びていることがわかる。しかし、問題は10ａ当たり収量が500kg半ばを前後とする水準であり、願望値から見ればなお低収量に低迷しているといわざるを得ない。

それを解決する鍵の大きな要因は、飼料用に適した大粒かつ高収量の実現が可能な水稲品種の開発にあるといわれている。

現在（平成19年）、飼料用米として栽培されている品種は「S99」と呼ばれ、食用米と区別するためにもあえて記号で呼び、品種名では呼んでいない。現在、来年以降の飼料用米の新品種をプロジェクトでは検討中であるが、私が入手した飼料用米の好適品種に関する若干の知見を紹介しておこう。

飼料用水稲の基本的条件は、多収、高栄養収量、耐倒伏性、耐病性にすぐれていることが必要不可欠の条件である。

東北地方に向く品種としては、今のところ「夢あおば」（早生）、「べこあおば」（早生）、「ホシアオバ」（中生）がある程度である。夢あおばはホール・クロップ・サイレージ向き、べこあおばは短稈、耐倒伏性強く、直播栽培に向き、大粒（千粒重30・6g）、多収であり、また家畜ふん尿施用など耐肥性にすぐれているとされている。なお、食用米生産との調整もあり、晩生の「クサホナミ」（ただし、関東以西の地域向き）も検討されているようであるが、多収、大粒、耐倒伏性、耐肥性、直播可能などの新品種の開発が待望される。

（3）飼料用米の畜産生産への流れ

飼料用米は生産農家が収穫した後、次のようなルートで平田牧場へと流されていく。

飼料用米収穫生産者―JAライスセンターまたはカントリーエレベーター（特定）―JA倉庫―農政事務所検査・確認―全農庄内本部倉庫（貯蔵・保管）―北日本クミアイ飼料（配合飼料製造）―㈱平田牧場というルートとなっており、各段階で厳密な検査、管理が行われ、食用米とはまったく混合しないシステムとなっている。なお、配合飼料の製造は平田牧場の指示、発注にもとづき行われ、その都度、全農庄内県本部の倉庫から引き渡され、残量確認が行われているとのことである。

飼料用米の生産―流通―加工は以上のとおりであるが、次に、飼料用米生産に伴うコストと所得、とくに上積みされる交付金等の問題について述べることにしよう。

（4）飼料用米の採算

飼料用米の最大の問題点は、いうまでもなく現行の各種助成金を充当してもなお生産者にとっては採算がとれないということである。

データは少し古いが、平成17年度の飼料用米の試算を表8－5に掲げた。

この表によれば、10a当たり650kgの米が生産できたとして、飼料用米の買入予定価格、4万円／tを前提とすれば、米代金は2万6000円、これに産地づくり交付金等3万5000円を加算しても収入は6万1000円。それに対し、通常の食用米生産にかかわる生産諸経費を推算

表8-5　飼料用米試算（650kg/10a,平成17年度遊佐町標準小作料試算より）

	内訳	金額（円）	備考
収入	米代金	26,000	@40,000/t
	産地づくり交付金	30,000	基本＋担い手加算
	その他助成金	5,000	町
	計	61,000	
支出	種苗費	1,750	@350円/kg × 5kg
	肥料費	3,163	
	農薬費	4,151	
	光熱動力費	3,932	
	その他経費材料費	1,809	
	水利費	4,968	
	建築費	9,292	
	農機具費	39,821	
	施設利用料	11,375	@1,050/60kg
	販売・出荷手数料	3,488	
	計	83,749	

注：「飼料用米プロジェクト」資料による。

した支出額は8万3749円となり、2万2749円の赤字となっている。

ここで問題となるのは、表8－5の試算表でまず（1）収量はもっと引き上げられないか、（2）平田牧場の飼料米買入単価がもっと引き上げられないか、（3）産地づくり交付金等がもっと多く支出できないか、の3点である。

第一の点は、高収量品種の開発、導入、栽培技術の改善等により今後の可能性は大きい。たとえば、平成18年の飼料用米の最高反収は879・4kg、最低は71・8kgとばらつきが大きかったので、高収量の実現の可能性は大きいし、今後の最大の課題であろう。

表8-6　産地づくり交付金（単価，飼料用米生産の場合）

（単位：円）

		基本助成	担い手育成	定着交付金	市町単独	合計
遊佐町	平成16年	10,000	0	0	6,000	16,000
	17年	10,000	20,000	0	5,000	35,000
	18年	20,000	35,000	0	0	55,000
	19年	45,000	0	5,500	0	50,500
酒田市	平成19年	33,000	0	5,500	0	38,500

注：酒田市では園芸作物奨励により，ネギ，一般野菜，地区特産物等に重点配分。大豆（37,000円），枝豆（39,000円），ネギ（49,000円），飼料用作物（WCS 38,500円）など。

第二の飼料用米買入単価の引き上げは難しいと見なければならない。その引き上げは豚肉価格の引き上げとして消費者に回ってくるし、市場競争の激しいなかでは容易でないであろう。

第三の産地づくり交付金等の引き上げも、現行制度を前提とすれば難しい。ただし、表8－5では産地づくり交付金3万円、その他助成金5000円、計3万5000円として試算していたが、これは平成17年度の実績であり、18年度には、表8－6に示したように5万5000円（基本助成2万円、担い手育成3万5000円）に遊佐町はじめ地域の協議のうえで引き上げられている。

こうすることにより、表8－5の試算の収入の部は他の条件は変わっていないとすれば、合計収入8万1000円ということになろう。しかし、この産地づくり交付金の飼料用米への助成単価の変動は激しく、19年には表8－6に示したように、基本助成4万5000円、定着交付金5500円、計5万500円と前年より4500円の減少を見せている。

表8-7　産地づくり交付金（庄内全域，飼料用米生産の場合）

（単位：円）

		基本助成	担い手育成	定着交付金	市町単独	合 計
遊佐町	平成16年	10,000	0	0	6,000	16,000
	17年	10,000	20,000	0	5,000	35,000
	18年	20,000	35,000	0	0	55,000
	19年	45,000	0	5,500	0	50,500
酒田市	平成19年					
	酒田	28,000	5,000	5,500	0	38,500
	松山	0	0	0	0	0
	平田	20,000	0	0	0	20,000
	八幡	40,000	5,000	0	5,000	50,000
庄内町	平成19年	0	0	0	0	0
三川町	平成19年	10,000	0	5,500	0	15,500
鶴岡市	平成19年					
	鶴岡	5,000				5,000
	温海					
	櫛引	5,000				5,000
	朝日	15,000				15,000
	藤島					
	羽黒	25,000		5,500		30,500

注：平成19年10月20日現在。

なお、参考までに紹介しておけば、山形県庄内地域5か市町による飼料用米に対する産地づくり交付金の助成単価は、表8－7に示したように各地で非常に異なる対応を示している。19年度の助成単価のもっとも高いのが遊佐町の5万0500円、ついで酒田市八幡地区の5万円。同じ酒田市でも酒田地区3万8500円、平田地区2万円と濃淡が激しい。庄内町はまったく支出せず、鶴岡市や三川町も極めて低い水準にあることは表8－7から読み取れよう。産地づくり交付金は市町村ならびに地域の自主性により交付対象作物や単価は決められることになっているため、市町村により飼料用米への助成の濃淡が出てくることは当然であるが、表8－7に示したように非常に格差は大きい。

なお、ついでに指摘しておきたいことは、産地づくり交付金は面積当たり交付金とされているため、飼料用米の場合、高収量を実現しようという意欲を湧かせるようなインセンティブを与えるシステムにはなっていない。収量に比例した助成方式だと、飼料用米の高収量を実現するうえではドライブがかかるのではなかろうか。

(5) 生産費の切り下げの課題

飼料用米の生産費の切り下げがいまひとつの課題である。そのなかで最大の課題は、飼料用米の団地形成と各生産者の水田の団地的集積による農業機械等の効率的活用、ならびに直播技術の確立、定着という課題であろう。もちろん、さきに述べたように、大粒系の高収量品種の開発、普及などの課題もあるが、こうした課題を解決しつつ生産性の向上と生産費引き下げの努力が必要であろう。

今回の調査では諸般の事情により飼料用米生産者にお会いしてお話を聞くことができなかったが、近いうちに実現して、その抱えている問題点と課題を明らかにしたいと願っている。

4 総括——課題と展望

以上、飼料米の生産とその流通システム、養豚への活用そして消費に至る過程の分析と考察を行ってきたが、ここでその総括と問題点ならびに今後の課題について述べておこう。

飼料米生産を成功に導くためには、農・産・学・官・消にわたる連携とネットワークの形成が不可欠である——これが一連の分析の結論である。農＝飼料米生産者、農協系統組織、産＝畜産経営、配合飼料メーカー、消＝生協等消費者団体、最終消費者、それに加えて学＝大学等技術開発研究機関、官＝市町村・県・農水省という行政組織の支援・協力というネットワークである。

今をさかのぼる三十余年前の米の過剰時代から米の飼料化の提案がいろいろとなされてきたが、いずれも稔りある成果は結ばなかった。それは、上に述べたようなネットワークが形成されていなかったからである。

なお、ついでながら述べておくと、地域農業を発展させ活性化させるにあたって、その基本課題は、農業生産—加工—流通—消費に至るネットワークをいかに確立するか、つまり、川上、川中、川下にわたるネットワークをつくり上げることが基本課題である。私はかねてより、よりわかりやすい表現で「農業の6次産業化」ということを説いてきたが、そういう観点から地域農業をいかに活性化させるかということにＪＡは全力をあげて取り組んでもらいたい。

以上述べてきたような分析のなかから、５点にわたり飼料用米にかかわる今後の基本課題を述べておこう。

第一、飼料米生産の拡大と安定供給をはかるうえで、遊佐町はじめ関係者は、飼料米生産者の収入と所得を維持するために、産地づくり交付金等を知恵を絞り地域の合意を得て配分してきたが、その財源は先細り枯渇する状況になりつつある。食料自給率向上や水田の有効活用あるいは環境保全等の広い視野に立ち、また国際的穀物（飼料原料）価格の高騰が見通されるなかで、農政の基本路線として飼料米をいかに政策的に位置付け、またそれに対応する政策装置をいかに具体化すべきかが問われている。

第二、飼料米にふさわしい大粒、高収量を実現できる食用米とまったく差別可能な新品種の育成とその種籾の確保が緊急な課題とされる。ホール・クロップ・サイレージに向く水稲品種の開発はそれなりにすすめられてきているようであるが、子実の高収量が実現できるような、かつ食用米と区別できる大粒品種の開発はなお途上であり、早急な開発が望まれる。同時に、飼料用米の種籾生産とその供給の組織的体制ができ上がっていないようであるが、その早急な整備、確立が必要である。

第三、飼料米の栽培技術の分野では、生産性向上とコスト低減のためには、直播技術の確立と定着が不可欠である。遊佐町内でも直播方式はかなり普及してきているが、なお不安定要因が多い。その技術の研究開発と普及、定着が第三の課題である。

第四、食用米については、「売れる米づくり」を目指して、米の選別にあたり「フルイの目」を1・9mmに引き上げているところが多い。当然「フルイ下」の米が多く出てきているが、このフルイ下米を飼料用に、確実にかつ計画的に活用できないだろうか。飼料メーカーと養豚業者によれば、フルイ下の米は水分含量が高く、年間安定的に使用できず出来秋に早く使うしかないとのことであるが、有効な活用法について、価格問題もからむが検討の必要があろう。

第五、水稲を飼料として利用する方法としては2通りの方法がある。（1）水稲を黄熟期にワラごと収穫し、それをサイレージに調整するホール・クロップ・サイレージ。これは反芻動物、とくに牛を対象とする。（2）子実のみを使用する。これは豚などの単胃動物を対象とする。しかし、子実としての米であれば、豚、鶏はもちろん牛など全畜種に利用できる。

飼料米を政策的に推進するにあたっては、いずれの路線を選択するか。地域特性、立地特性なども踏まえつつ、政策路線とその方向性を明確にする必要があろう。

「追　記」

平成22年3月策定の食料・農業・農村基本計画によれば、飼料用米の生産拡大がうたわれており、飼料用米の生産に10ａ当たり10万5０００円の助成を行う水田活用の所得補償交付金、および主食用米との分別管理に必要な乾燥・貯蔵施設の整備への支援などがうたわれている。この基本路線は現在も引き継がれ10ａ当たり最高12万円の助成金が得られるようになっており、さらに食用米過剰のなかで策定中の新しい食料・農業・農村基本計画でも基本的には踏襲されるものと見られる。

なお、農林水産省のホームページには、養豚では本書でも考察した山形県酒田市の平田牧場、養鶏では青森県藤崎町のトキワ養鶏が先進事例として取り上げられている。さらに、稲発酵粗飼料生産を通して付加価値を高め、酪農、肥育牛への活用の道を広げることも課題である。

第9章　Making から Growing へ
——牛の放牧を通して考える思想の転換

1　「人工的につくる」時代から「新しい命を育む」時代へ

私は東京大学を定年退官後、1994年4月から2002年3月まで日本女子大学で教えてきた。先日、所用で久しぶりに訪ねて大教室をのぞくうちに、最終講義をしたことを思い出し、その折のノートを再現してみたくなった。最終講義を行ったころはBSE（牛海綿状脳症）が激発して騒然となっていた時期であった。02年1月に行った最終講義の核心部分を紹介するのも、それなりの現代的意義があると考え、ノートを再現してみることとした。

(1) Makingの時代――あふれ出る廃棄物と温暖化

女性の皆さんなら、どなたでもメーキャップ(make-up)ということはご存じだと思います。いうまでもなく、お化粧するということです。素顔の上に、人工的につくられたいろいろな化粧品で、きれいな魅力あふれる顔、形につくり(make)上げる(up)ということです。

さて話は一転しますが、人間はその生存のために数千年、数万年にわたって、営々と、食べものはもちろん、着るもの、住む家、つまり衣食住の生産(Production)を行ってきました。そして産業革命を転機に工業生産のめざましい発展が見られたことは、もはや説明するまでもないことです。

さらに、20世紀に入ると工業文明は急速に発展し、重化学工業全盛の時代となりました。鉄鋼、機械、合成化学、さらに自動車、電機、IT産業というように、次々と時代を画する産業が展開してきました。そのなかで、私たちの生活はたいへん便利になり生活水準も著しく向上してきたことは疑う余地もありません。

しかし、一歩下がって考えてみると、鉄鉱石や石炭、石油というろいろな資源を地球の地底から取り出し、高度に開発された科学技術を活用、駆使しながら、人工的に生産している姿であることがわかります。つまり、20世紀のProduction(生産)は、Making、要するに人工的にものをつくる時代であった、ということができると思います。しかし、工業生産がめざましい発展を見せ、また私たちの生活が非常に向上し便利になった裏面では、多様な廃棄物がとめどもなくあふれ出し、CO_2をはじめとするいろいろの目に見えない排出ガスなど、廃棄物のあふれる時代になってきました。膨大な産業廃棄物はもちろん、家庭から出るゴミに至るまで廃棄物が山をなし、地球をむしばむ排出ガスがじわじわと私たちの生活をおびやかしてきております。

つまり、Makingという一本槍の方向だけでは21世紀の将来は展望のない、暗い時代になっていくと思います。

人類社会が21世紀はもちろん、さらなる将来にわたって安定的に存続していくためには、現状を改め、自然生態系と調和したシステムに改革していかなくてはなりません。大量生産・大量廃棄（Making）のシステムを改め、省エネルギー、省資源の方向を明示し、廃棄物や排ガスの再資源化や適正処理に努め、環境負荷を低減する循環型社会の構築が必要であることは、これまでもつとに指摘されてきたことです。現在問われていることは、自然生態系の環境許容量のなかに収めるために、これからの科学技術、産業構造、経済体制、社会組織、社会倫理などはいかなる方向と内容のものでなければならないのか、ということです。そのマスタープランとその実現のための具体策の策定と実行が緊急の課題とされています。

(2) Growingへの思想の転換を――内から輝く美しい顔

こうした課題を包括的に捉えるためには、21世紀のこれからの時代はGrowingの考え方、思想に変えていかなければならないのではないかと私は考えています。

Growingという言葉を辞書で引くと、「成長する」「育つ」「栽培する」などと出ていますが、私は「新しい生命《いのち》を育て創造する」ということだと考えています。

ところで、初めに述べたお化粧の話に戻ると、外からべたべたお化粧品を塗って美しくなろうということを私は決して否定はしませんが、大事なことは、身体の中から磨き上げ、その結果として健康な内から光る美しい顔、形になってほしいということです。そのためには、栄養のバランスのとれた食事をきちんととること、適切な運動をして健康的な身体を維持すること、知的好奇心をつねにかきたてつつ勉強を怠らないこと、生きるための仕事はもちろん、つねに意欲的に社会的活動を行うこと、といった日常生活のなかから人間としての、そして女性としての美しさがかもし出されるのではないかと考えています。

たしかにMakingも大事ですが、しかしそれだけでは極めて不十分で、これからの時代は循環、共生、参加型の社会の創造を目指すGrowingの思想を、とくに諸君たちのような女性が先頭に立って伸ばしていかなければならない、と私はかたく信じています。

さてそこで、このMakingからGrowingへの思想の転換の問題を、牛海綿状脳症（BSE）の問題を典型事例として取り上げながら、考えてみたいと思います。

(3) 乳牛のもつ七つのすぐれた機能を生かす

乳牛は七つのすぐれた機能をもっていると私は考えています。

(1) 口は一生研ぐ必要のない自動草刈機
(2) あの長い首は食物を運ぶ自動式ベルトコンベア
(3) 四つある巨大な胃は人の食べられない草を貯め栄養素に変える食物倉庫
(4) 内蔵は栄養に富む牛乳を製造する精密生化学工場
(5) 尻は貴重な有機質肥料製造工場
(6) 脚は30～35度もある急傾斜地でも登り降りできる超高性能ブルドーザー
(7) ほぼ1年1産で子孫を殖やす

現代の日本の酪農はこれらの七つのすぐれた乳牛のもつ機能を生かしているでしょうか。否です。これまで40年間に日本の酪農は急速に発展してきて、今やEU（欧州連合）をもしのぐ1戸当たりの飼養規模になりましたが、その圧倒的多数は集約型の舎飼い方式です。膨大な飼料穀物を海外から輸入し、それをベースにした配合飼料に全面的に依存した酪農です。

七つのすぐれた機能のうち活用しているのは、極言すればわずかに二つ、第四の牛乳製造工場と第七の子孫を殖やす機能の二つのみです。本来の酪農のあり方は七つの機能のすべてを生かした草地酪農、山地酪農だと私は考え、また説いてきました。

つまり、急速に発展した日本の酪農は、Making の発想に立脚したものであり、Growing の思想に基盤をおいたものではありません。これがBSE発生の根源でもあり基本問題だと私は考えておりますす。

（4）地域資源と環境を生かそう

日本は世界に冠たる草資源大国です。地域により若干の差はありますが、冬を除けば草は困るほど伸びてくれます。これを真に生かす酪農でなければならないと考えています。そのうえ、ここ10年来、耕作放棄地が増え、雑草が茂るにまかされているところが各地で出てきています。さらに、里地、里山は荒れるにまかされています。

乳牛の放牧という方式が無理なら、こうした荒廃地を和牛の繁殖、育成に活用するよう、私は、とくに西日本地域を中心にすすめてまいりました。人の手による「下刈り」ではなく、牛の「舌刈り」

で草資源を活用し、地域資源を生かしていくべきだと考えています。今では牛が逃げないようにする電気牧柵には簡便なリード線が開発され、その電源にはポータブル式の太陽光発電機が使用されています。

こうして牛を放牧していれば、猪や鹿などの作物を荒らす野生動物は出てこなくなり、景観を彩る景観動物にもなります。夏休み明けのキャンパスで、皆さんの「イギリスの湖水地方はよかった」「いやスイスはよかった」などという会話を耳にしてきましたが、それらの地方の景観もよかったのでしょうが、それ以上に、のんびり草を食べている牛や羊の群れという「景観動物」に多分、心を奪われたのではないか、と私は皆さんの会話を聞いていました。

さて、横道に少しそれましたが結論を急ぎましょう。

世界に向かって農業、農村のもつ多面的機能をわが国は主張していますが、それを主張する以上、環境と資源の保全のための具体的行動を継続的に起こすよう努めなければなりません。そのためにはMakingの発想からGrowingの思想への転換が基本課題である、と私はここで話してきました。それは、農業、農村にかかわることだけではなく、日本、いや世界のこれからすすむべき基本方向であると考えています。

どうか皆さん、この女子大学を終え、社会に出ていろいろの場面で活躍されることと思いますが、

Growingの思想を胸に抱きつつ頑張っていただきたいと思います。私のつたない最終講義を聞いていただき、ありがとうございました。

2　ネットワークづくりによる地域興し
——黄綬褒章を受章された佐藤忠吉さんと木次乳業の偉大さ

島根県木次《きすき》町（現雲南市）に、佐藤忠吉さんという私の尊敬する人物がいる。大正9年生まれであるから今年（2008年）で88歳になられるが、視野は広く、頭は柔軟でかつ切れ味鋭く、柔和な目で時代を読む力は抜群でありながら、いつもにこにこと笑顔を絶やしたことがない。その佐藤忠吉さんが、今年の文化の日に黄綬褒章を受章された。たいへん喜ばしいことであるが、私から見れば遅きに失した感もなくはない。

佐藤忠吉さんは、有限会社木次乳業を興し長らく社長を務められてきたが、今では退き相談役となっている。この木次乳業は今から46年前の1962（昭和37）年に忠吉さんの主導で設立され、牛乳本来の味を生かす低温でのパスチャライズ殺菌法を確立し、今でも堅持している。さらに日本初のエメンタールチーズや高品質で美味のマリアージュというアイスクリームなどもつくっており、かつて私が訪ねた2003（平成15）年度の牛乳の年間処理量は6000tを超え、売上高15億円という近郷ではもっともすぐれた企業となっていた。

しかも注目すべきは、牛乳を加工、販売するだけでなく、日登《ひのぼり》牧場と名付けられた里山30haに、わが国では極めて珍しいブラウンスイス種という乳牛を放牧、飼養しているのである。つまり、忠吉さんは熱心な山地酪農の推進者でもある。

（1）忠吉さんとの出会いと交遊

実は、私が忠吉さんと知り合ったのも山地酪農を通じてである。故檜垣徳太郎さん（全国農業会議所会長、都市農山漁村交流活性化機構理事長、郵政大臣、農林事務次官等を歴任）が会長をしていた山地畜産研究会で、山地酪農の研究とその推進方策を策定するということになり、檜垣さんに乞われて私がその研究会の座長になることになった。その研究会の委員に佐藤忠吉さんがなられて初めて知り合ったわけである。

温厚な語り口とすばらしい実践論、その背景にある重厚な理論に私は引き付けられ、私から見れば一回り以上も違う兄貴分の忠吉さんと、その後長らくお付き合いをさせていただくことになった。なお、この山地畜産、山地酪農に関する研究会の成果は『山地畜産の推進』㈳日本草地畜産協会、

郵便はがき

1078668

おそれいります が切手をはって お出し下さい

(受取人)
東京都港区
赤坂郵便局
私書箱第十五号

農文協

http://www.ruralnet.or.jp/

読者カード係 行

◎このカードは当会の今後の刊行計画及び、新刊等の案内に役だたせていただきたいと思います。　はじめての方は○印を（　）

ご住所	（〒　　　－　　　） TEL： FAX：
お名前	男・女　　　歳
E-mail：	
ご職業	公務員・会社員・自営業・自由業・主婦・農漁業・教職員（大学・短大・高校・中学・小学・他）研究生・学生・団体職員・その他（　　　）
お勤め先・学校名	日頃ご覧の新聞・雑誌名

※この葉書にお書きいただいた個人情報は、新刊案内や見本誌送付、ご注文品の配送、確認等の連絡のために使用し、その目的以外での利用はいたしません。

● ご感想をインターネット等で紹介させていただく場合がございます。ご了承下さい。

● 送料無料・農文協以外の書籍も注文できる会員制通販書店「田舎の本屋さん」入会募集中！ 案内進呈します。　希望□

■毎月抽選で10名様に見本誌を1冊進呈■（ご希望の雑誌名ひとつに○を）

①現代農業　②季刊 地域　③うかたま　④のらのら

お客様コード

S11.08

お買あげの本

■ご購入いただいた書店（　　　　　　　　　　書店）

●本書についてご感想など

●今後の出版物についてのご希望など

この本をお求めの動機	広告を見て（紙・誌名）	書店で見て	書評を見て（紙・誌名）	出版ダイジェストを見て	知人・先生のすすめで	図書館で見て

◇ 新規注文書 ◇　　郵送ご希望の場合、送料をご負担いただきます。

購入希望の図書がありましたら、下記へご記入下さい。お支払いは郵便振替でお願いします。

（書名）	（定価）¥	（部数）　部
（書名）	（定価）¥	（部数）　部

460

1999年2月）として公刊されている。

（2）先見性ある農業理論と実践

忠吉さんの農業のあり方に対する信念を私なりに一言で集約すると、「つくる人間が健康でなくてはならない。そのうえで本物の食べものを、腹の中まで責任のもてる食べものを消費者に届けよう」というところにある。これは1972（昭和47）年に忠吉さんが提唱者となり設立された木次有機農業研究会のモットーとされているものである。

なぜ、こういう考え方とか運動をすすめるようになったのか。その源流を訪ねてみよう。

忠吉さんは、戦時中大陸に召集され、苦労の末に帰国、農業に従事しつつ、昭和30年に父から農業経営を引き継いだ。折からの選択的拡大政策のなかで仲間5人と酪農を始めた。しかし、36年に田の畦草や野菜の残り屑をやった乳牛が次々とよろけていく。究明を続けた末、硝酸塩中毒だとわかり、乳牛だけでなく忠吉さんたちの仲間の体調もおかしくなった。

そこで、昭和40年に木次町全体からDDT、BHCの全面禁止を役場を説得して打ち出すことができた。そうした運動のうえで、47年に木次町有機農業研究会の発足となったわけである。世の中で、いわゆる公害問題や複合汚染などが騒がれ出すはるか前からの、先見性に満ちた斬新な運動であった。

（3）多様性を踏まえたネットワークづくり——農業の6次産業化の推進

私はかねてより「多様性のなかに真に強靭な活力が育まれる。画一化のなかからは弱体性しか生まれてこない。そして、多様性を生かすのがネットワークである」と説いてきたが、忠吉さんは、まさにこの私の考え方を早くから着実に実践され、実現されてきたことで、私は心から尊敬してきた。

忠吉さんは県内はもちろん、国内にとどまらず欧米にもたびたび出かけ、そのすぐれたものを吸収することに努められてきた。昭和47年、北欧各国を訪ね、その酪農思想を学び、有機複合経営としての酪農の必要性と重要性を認識して帰ってくる。

こうした一連の思索と実践のなかから、農家と農業の自立とともに、地域の商工業者との連携、多様な全国の消費者グループとの連帯を踏まえて、「ゆるやかな共同体」を目指した多面的な活動とそのための拠点づくりを次々と展開していく。

まず、町内の中学校1校、小学校5校、5幼稚園の学校給食への牛乳、野菜の供給（野菜は活動開始時6割供給）を始め、平成元年の日登牧場（30ha）の山地へブラウンスイス種を放牧する。3年に㈱風土プランを設立。この株式会社は、地元木次町のしょうゆ屋、油屋、お茶屋などに呼びかけ、一体として活動する農・工・商連携の、多分わが国で初めての企業であった。4年には、これも農・工・商一体の企業として㈱奥出雲葡萄園という原料生産からワインの製造、販売を行う企業を設立。

同じく4年に有機卵と卵油の生産、加工、販売の㈲コロコロ社を設立。障がい者や高齢技能者の働きやすい職場づくりにもなっている。

さらに、11年には健康の里、シンボル農園「食の杜」を開設。ここには有機ブドウ園や野菜園、古民家を改装した宿泊施設、都市・農村交流施設やあかぬけしたレストランもある。このレストランには、乳肉兼用牛であるブラウンスイス種のステーキに合う赤ワインなど、ほかでは食べられない珍品もある。忠吉さんの志を慕って訪ねてくる大都市の消費者、とくに女性の皆さんでいつもにぎわっている。

要するに私がかねてより提唱してきた農業の6次産業化の運動をさらに発展させ、地域で縮小・廃業に迫られつつあった伝統的な商工業者たちに立ち上がってもらい、新たな飛躍・転身の道づくりをしているのである。

今年（2008年）の5月23日、農商工連携関連2法（農商工等連携促進法、企業立地促進法改正法）が公布されたが、これらの法律に先立つこと十数年前から、佐藤忠吉さんは先見の明をもって木次町という農山村ですでに実践してこられたのである。

こういう活動が高く評価されたのであろう。朝日新聞社の主催してきた朝日農業賞のあとを受けて創設された「明日への環境賞」の第1回表彰の特別賞を受賞するという栄誉に輝いた。そして今回は黄綬褒章の受章である。心からお祝い申し上げる。

3　山地放牧の実践――JA甘楽富岡管内

たしか、18年前のことだと記憶している。当時JA甘楽富岡の営農本部長をしていた黒澤賢治さんに、一献傾けつつ率直に意見をしたことがあった。

「JA甘楽富岡の管内を久しぶりに見せてもらったが、山間地に入ると耕作放棄地はあちこちに見えるし、里山には雑草やカズラや竹林がはびこっていて、山は荒れてもったいないことだ。人手がないのだろうが、ひとつ『牛の舌刈り』とか、牛がいなければ“Rent A Cow”というのをやったらどうですか」と。

そこで、つい先週、JA総合研究所の研究所員の皆さんとJA甘楽富岡を訪ねる機会ができ、管内を山間地域を含めて視察した。ところが、平地に近い地域はもちろん、山間地域でも耕作放棄地はまったく見られず、里山は牛の「舌刈り」で見事な景観を見せてくれていた。

表9-1　Challenge 500の推進状況

	母牛頭数	子牛販売頭数	子牛の販売金額（千円）
平成15年	421	265	115,718
16年	463	294	135,291
17年	502	315	148,203
18年	536	310	145,271
19年	543	420	187,375

(1) Challenge 500の推進

18年前に私が言ったことを黒澤賢治さんは強烈に受け止めてくれたらしい。さっそく“Challenge 500”という方針を打ち出し、「5年後には管内で繁殖素牛を500頭に増やし、里地、里山に牛の放牧を徹底的に推進する」という路線を着実に実践して、その結果は、耕作放棄地がなくなり、放牧により美しい里山が回復し、繁殖素牛もいまや550頭を超えたという。ここ5年間の統計を調べてみると表9－1のようになっている。

現在では素牛（母牛）の飼養農家数は50戸になっているが、減少する傾向ではなく、定年後に牛を飼おうと希望する人も増えているようである。この50戸の飼養農家のうち、里山などへ放牧している農家は実に21戸とほぼ半数を占めており、これからもさらに増えるのではないかと見られている。

この地域は、かつて全国にその名をはせた名牛「紋次郎」の血を引く銘牛の産地であるため、肥育素牛となる子牛の価格が相対的に高値で取り引きされている。事実、子牛1頭平均価格は、平成18年には47万円、19年には45万円というようになっている。100万円を超える牛も出たという。

(2) 里山放牧の実際

時間の制約で放牧の事例は2例しか見ることができなかったが、その一つの茂木正雄さんの事例について要点のみ紹介しておこう。

放牧している里山は、杉林と雑木林と急傾斜の谷地であった。一見して雑草というのはもうほとんど見えず、きれいな牛道(急傾斜地をジグザグに昇り降りする特有の牛道)が見えるのみであった。

放牧場の入り口には2基の太陽光発電機が据えつけられ、打ち込んだ丸太の杭や鉄パイプにリード線(電気牧柵)が張られて牛の脱柵を防ぐようになっている。牛の学習能力は高く、一度ピリリとくれば決して電牧には寄りつかなくなるという。そして牧場の入り口には鉄パイプを組み立て、波板で天井を覆っただけの小舎と水飲み場があり、かたわらに岩塩が置かれているだけの設備で、投資はほとんどこれだけである。

あとは牛が自由に餌となる草を求めて自ら歩き回るのみである。牛は、とくに立木に巻きつく山芋やクズなどのつるの類が好きで、すべて引き下ろして食べてくれるので、杉などの用材林の管理はもちろん、シイタケの原木となるクヌギなどの管理には欠かせない。また、竹や笹を好んで食べるので、茂木さんの放牧地では、その姿がまったく見られなかった。今、全国にわたって竹林が猛烈な勢いで増えて困っているという話を各地で聞くが、牛の放牧で、労賃も払わずに牛の「舌刈り」にお願いするよう、私はいたるところで説いている。茂木さんの放牧地では、牛が草を食べて裸地のようになったところに、畜産草地研究所草地研究センターの技術陣がやってきて、新しいセンチピードグラスというノシバの改良品種を根付かせる試験をしているというが、放牧地の牧養力の増大と定着化のためにも必要だと思った。

また、この甘楽町、富岡市の山間部の一帯は昔から原木シイタケ（菌床シイタケもあるが）の著名な産地であった。シイタケの原木にはクヌギが最適であるが、クヌギ林に放牧するとクヌギの成長が早まり、伐期が短くなるという効果がある。牛の蹄で耕してもらい、ふん尿という肥料を与えてもらい、クズやカズラというシイタケ原木にとっては大敵を退治してくれ、下草も掃除してくれて、一石何鳥という効果も発揮してくれる。通常14～15年という伐期が10年ほどに縮まるという現地報告も聞いている。つまり、牛の放牧が原木シイタケ産地興しにつながっているということになる。

(3) 猪などが出なくなった

それだけではない。牛を放牧していると、猪などの野生動物が一切出てこなくなったという。山間の畑に野菜やイモ、コンニャクなどがきれいに植えられ、耕作放棄地は見られない。とくに野菜類は毎朝7時にインショップ出荷場へと運び出され、日銭が毎日きちんと入ることによって良好な耕作を中山間地で促しているし、野生動物の畑荒らしの心配がないので、耕作放棄地がないのである。

さて、茂木さんの話に戻ろう。今、茂木さんの放牧実践を見て、山の裏側の山林所有者が「私の山に放牧してくれませんか」という話がもち上がって、さっそく実行しようと話がまとまったということであった。文字通り"Rent A Cow"ということになる。「牛によって山を治めよう」ということであり、牛の所有者には新しい餌場ができる、ということである。

茂木さんは、もともと牛飼いではなかった。勤めていたところの定年退職を少し早め、余生を牛飼いに、ということのようだ。今、5頭の母牛と、生まれてまだ間もない5頭の子牛がいた。毎日、観察だけはきちんとするが、「こんな手のかからない仕事で、牛が自分で全部やってくれて、いい仕事です」と破顔一笑していたのが私に強烈な印象を与えてくれた。

（4）山梅、山桃を牛道に植える

山野を歩き回り足腰の強い牛、太陽の光をたっぷり受けて黒光りした見事な毛並みの牛、山での自然分娩で手のかからない牛。放牧牛のすぐれた点は数え切れないほど多い。そのうえ、今、黒澤さんは牛道に山梅や山桃を植えるように指導している。つぼみのときには小さな枝とつぼみが料理の「ツマ」になる。木が大きくなれば花フカシ栽培（枝を収穫してビニールハウスへ持ち込み、花〈つぼみ〉を咲かせてから出荷する）で生け花の花材にするという。まさに「資源を活かし、高齢技能者を生かし、牛を活かし、条件不利地を興す」ということである。ちなみに、花梅や花桃のつぼみが1～2輪ついた小枝を15円で売ろうと考えて、売り先、売り方などを具体的に詰めているようだ。「高齢技能者」が目を輝かせて働くのが目に見えるようである。(1)

（注1）なお、和牛の放牧については、吉田光宏『放牧維新―農業・環境・地域が蘇る―』（家の光協会、2007年6月、1600円）をとりあえずおすすめしたい。山口型放牧の実際を具体的にわかりやすく説いており、役に立つと思う。

（5）広がり深まる和牛放牧への新しい波

私が、JC総研レポート「所長の部屋」（第55回「人を生かす・資源を活かす・地域を興す―その1―」）

で紹介したＪＡ甘楽富岡の"Challenge 500"という記事を読んだ農業委員会やＪＡなどの農業関係者が、関東地方はもちろん、東北地方からも次々と現地視察に訪れて、その応対にうれしい悲鳴をＪＡ甘楽富岡の担当者はあげている、ということを黒澤賢治氏から最近聞いた。各地で耕作放棄地は拡大し、里山は荒れているのをなんとか修復したい、和牛放牧によりその改善に取り組みたい、購入飼料の高騰に対処したい、などいろいろな思惑が入り交じるなかで、ともかく和牛放牧の実態を自らの眼で確かめたい、こういう思いが現地視察に駆り立てているのだと思う。

ＪＡ甘楽富岡では、現地視察の案内とともに、放牧に必要な知識、技術等を的確に理解してもらうために、「耕作放棄地放牧マニュアル」という資料を作成している。このＪＡ甘楽富岡のすばらしい姿勢に私は感銘を受け、また現地を訪れることができない人びとにも、放牧の意義とその技術を学んでほしいと考えている。

（6）群馬県は放牧助成事業を推進——Bottom-up 農政の推進

こうしたＪＡ甘楽富岡の先進実践事例に学んだのであろうと思うが、群馬県農政部は、群馬県農業協同組合中央会ならびに群馬県畜産協会を通じて放牧モデル設置事業を推進することに着手した。

もちろん、この設置事業の趣旨は、単に放牧だけを奨励するのではなく、水田の有効利用や米の生産調整の推進というような複合的な目的を併せて推進することを意図したものであるが、わかりやすくいえば、耕作放棄地となりやすい棚田地帯や急傾斜小規模水田の有効利用などを視野においているように思われる。要するに、私がかねてより主張してきたBottom-up農政、つまり地域提案型農政の推進と実現ということである。その助成にかかわる要領を全文、参考までにあげておこう。

〈参　考〉

繁殖和牛水田放牧推進モデル設置事業（案）

群馬県農業協同組合中央会
群馬県畜産協会

1．趣旨

水田を活用した繁殖和牛の放牧モデルを設置し、耕畜連携による牛の飼養管理の省力化及び米の非主食用利用の向上を図ることにより、繁殖和牛経営の合理化とともに水田農業構造改革（生産調整）の推進を図ることを目的とする。

2．事業内容

繁殖和牛の水田放牧を行うのに必要な電牧施設の電牧器（ソーラーシステム）を畜産農家に貸与する

とともに、耕種農家には収益補償として3万円／10ａを助成する。

3．補助対象者

繁殖和牛農家及び耕種農家

4．事業実施要件

（1）本事業を実施する放牧面積は概ね20ａ以上の水田面積とする。

（2）放牧牛は繁殖和牛とし、適正な管理をすること。なお、飼養管理に当たっては県、ＪＡ等肉牛関係者の指導が受けられること。

（3）畜産農家と耕種農家が異なる場合には、放牧牛の飼養や放牧・給水施設の管理等に関する役割分担等を記した、別紙、耕畜連携契約書を両者で取り交わすものとする。

（4）貸与した電牧器は3年間使用するとともに、3年経過後は無償で畜産農家に引き渡すものとする。

5．事業実施申請

別紙申込書を平成20年9月31日までに中央会担い手支援センターに提出する。

問合せ先

ＪＡ群馬中央会担い手支援センター

群馬県畜産協会経営支援部
鹿沼０２７－２２０－２０２８
木村０２７－２２０－２３６５

第10章　メディコ・ポリスを考える

1　自分たちの手で地域を支え、医療人を育てよう
――佐久総合病院内科医・色平哲郎さんとの対談

先日、ＪＡ厚生連・佐久総合病院内科医の色平哲郎さんと対談する機会に恵まれた。その対談の記事は、『農業協同組合新聞』の２０１０年2月20日・28日合併号に載せられている。

しかし、色平哲郎さんのすばらしい提案とその背景にある発想、構想は極めて貴重であると考え、上記新聞の発行元である社団法人農協協会の佐々木昌子常任理事に特別な御配慮と許可をいただき、ここに再掲させていただくことにした。以下、対談前後の私の感想を含め対談の全文をそのまま掲載する（なお、『農業協同組合新聞』へのアクセスは、URL:http://www.jacom.or.jp/）。

（1）薄明を組織する

「薄明を組織する」。私の好きな言葉の一つである。色平哲郎さんにこの一言を心を込めてお贈りしたい。

「ケアつきコミュニティー」然り、「高貴高齢者」然り、「農村医科大学構想」然り。まだ、地平線に太陽が昇らない薄明のなかで、将来を見据えて、農村医療や農村福祉はいかにあるべきか、その近未来に実現すべき課題と望ましい姿を、大胆かつ具体的に示してくれているのが、色平さんである。

色平さんは東京大学に入学したものの、東南アジア諸国、それも農村を中心に放浪を重ね、そのなかから志を立て、改めて京都大学医学部に再入学。医者への志を磨き、フィリピンの僻地農村で医の道を磨き、そして長野の山村で僻地医療の現実を見据えて解決すべき課題を明らかにするとともに、後進の医者の卵を鍛え育ててきた。２０１０年１月から開始した『農業協同組合新聞』の特集である、「ＪＡは地域の生命線」という課題を明快に示す座談になったと思う。ＪＡ関係者は色平哲郎さんの提起した課題に全力をあげて今こそ応えるべき責務があろう。（今村）

（2）治せない病気の人はどうするか？

今村　超高齢化時代に突入しようというこの時代に、佐久総合病院のような病院を全国に広げるにはどうしたらいいか。色平さんは医者である前に「私は農協の職員です」と仰っているとおり、佐久総合病院のオーナーは農民です。わが村の医者を育てることが生命線、即ちＪＡの役割となるのではないでしょうか。今の農村医療の基本問題はどこにあるのでしょうか。

色平 21世紀の医療問題については現在、「世界一の高齢国」は日本ですから、他国の例を参考にはできません。「21世紀日本の医療」については、住まいと医療ケアとの連携こそが焦点となるのではないでしょうか。例えば福岡市で医者が「楽居《らっきょ》」というケア付き住宅をつくりました。５階建てで１階が診療所、２階がデイケアセンター、３階がグループホーム、４、５階が個室で、施設理念はなんと「穏やかな死の援助」なのだそうです。東京の品川区でも２０１１年に同様の複合施設を開設するそうですが、こういった「ケア付き住宅」あるいは「ケア付きコミュニティー」への要望は今後ますます高まることでしょう。

しかし今の国では、住宅は国交省、福祉政策は厚労省、農村政策は農水省、人材育成は文科省などと各省庁がタテ割りで別々にやっています。高齢化とケアの問題は日本が世界最先端なのですから、政治がもっと主導権を発揮し、省庁が一体となった枠組みで取り組まないと変革は難しい。そして要望実現ができないというのなら、国民やＪＡ組合員が声をあげて「好きな人と好きなところで暮し続けたい」「ケア付き住宅政策を推進してほしい」と発信して「声なき声」を言葉にして伝え広げていくべきでしょう。人材育成についても、地域の皆さんが主体的に厚生病院で働く医療人を育成する、という覚悟が農村の今後の課題でしょう。

今村 先生の活動のテーマは「治す医療から支える医療へ」です。地域全体を支える医療に転換するために大事なことはなんでしょう。

色平 日本の農村では伝統的に「お互いさまで、おかげさまで」の精神で支えあって生き抜いてきました。老後の不安感について、自分たちのケアにあたる介護士や医師らを育てていくという、今こそそんな自前の活動を始めるべきときではないでしょうか。

例えば、農山村の医師不足をどうするのか？　アメリカでは看護士に様々な権限を与え解消に努めています。ヨーロッパでは後期高齢者、これについて私は〝後期〟ではなく〝高貴〟と表現するべきだと感じていますが、〝高貴〟高齢者に「過剰な医療」は必要ではない、という考え方が広まっています。

適正な医療とは何でしょうか。スパゲッティのような管だらけになってしまった祖父母を見て、孫たちはそんな姿になりたくないと感じることでしょう。もちろん治せる病気は治すべきです。しかしいよいよ治らない、となった事態にどうするのか？　そんな時こそ〝寄り添う医療〟〝支える医療〟が必要です。われわれはＪＡ職員として、そんな組合員の想いを多少なりとも聴き取ろうと努力し続けていきたいと思います。

(3)「まるで自分が映画の中にいるようだ！」——農山村のよさを感じ始める学生たち

今村 医師不足の問題は厚生連も声をあげていますが、次代を担う医者、とくに農村の医者をどう育てたらいいでしょうか。

色平 21世紀の課題は何か、を敏感に感じとれる学生を育てたいものです。今村先生はかねてより「高齢者じゃない、高齢技能者だ」と仰っておいでですが、まさにそのとおり！ 高齢の方はたくさんの知恵や技をおもちです。若い世代の方には、現役の高齢技能者にお世話になる形で学んでもらいたい。そしてやがて貴重な枝が弱っていく過程を目の前にしたとき、自ら技芸を受け継ぎたいと名乗り出る意欲を期待します。身近な人が認知症になってしまった際のもどかしさを支えていくためには、日本古来の「お互いさまで、おかげさまで」という農村の伝統精神を受け継いでいく必要があるでしょう。だから毎年百数十人の医学生が来村し、いわば〝悪〟の道に誘い込んでいるわけです（笑）。

今村 いやいや、〝悪〟ではなくて〝正義〟の道でしょう（笑）。

色平 優秀な人材を農村に引っ張ってくることはなかなか理解されませんよ（笑）。これまでの10年間で1500人以上を〝悪〟の道に誘い込んでしまいました。

やってくる学生は何を考えてきているのか。アジアの農村を回った学生がいますが、電気も水道もないところにも医療はある。では、日本にしかできない医療ってなんだろう、と彼は考え始めたようです。佐久病院はいい病院だからいい研修ができて多くのことを学べそうだ、といういいとこどりの学生ばかりでは困るんです。それより山の中で、損でもいいから何か成し遂げてみようという若者がほしい。これは佐久病院を創った若月俊一先生も同じ想いだったことでしょう。

われわれも含め、今の学生は農山村のよさを知らないから、人が人を支えあう姿にふれて「案外、楽しそうだ」と面白みを感じます。ある学生は人と人のつながりが見えるから「まるで自分が映画の中にいるようだ」と感動していました。ぶつかりの体験を通じて、高齢技能者への尊敬の気持ちが内面に湧いてくるような、大事にしたいという気持ちが生まれるような環境で医師を育てたいものです。

昭和45（1970）年の農協大会では、100億円をかけて「農村医科大学」を設立しようという決議がなされたときいています。政治の問題で実現はしませんでしたが、もしも農村医科大学が実現していれば全都道府県に厚生連病院群が存続し「金持ちより心持ち」の精神で、全国で厚生連の農村医師が大活躍したことでしょう。

（4）協同組合精神をもつ医療調整員が必要

今村　私はずっと前から、全国にある農業高校を生命総合産業高校に改革したほうがいい、と提言しています。食料の生産と確保だけでなく、人びとをケアして、生物を守って……と、農業ができることはいっぱいある。田植えとか、農機の扱いとか、そういう狭い技術ばかり教えるのでなくてね。生命総合産業高校ということになれば入って来る学生も目の輝きを変えるでしょう。

色平　医療は技術だけでは視野が狭くなります。農業も一緒かもしれませんね。〝農〟はすでに農業の枠組みを越えて地域とふるさとを支える生業《なりわい》として別枠で位置付ける必要があります。〝農〟を単なる産業で考えるのではなく、地域コミュニティー、食文化、健康、自然、景観などと結びついたトータルな〝業〟として拡げて捉えて表現する必要があります。

今の医科大学は数学と物理と英語ができないと入れない。これでは日本語の会話はおぼつかないのでは？　お笑い専門の「吉本」枠をつくって学生を入れてもいいと思う。何より大事なのは命について考えることです。

われわれ医師は医療技術をもっていますが、それを切り売りするのではなく、活用して地域のために役立てたいという志を期待します。農業高校でも、医療サービスの間を調整できる人材を育成してほしいですね。農村でどういう医療やケアが必要なのか、ということをＪＡの協同組合精神をもとに考えて、専門家を使いこなせるような事務職や翻訳者がこれからの時代に必要な人材だと思います。

総務省は自治医科大を創設しましたが、やはり農村医科大学をつくることで、自治医大と互いにライバル関係になれば、いい地域医療の形ができるでしょう。今からでも遅くありません。地域を自分たちの手で支え、医療関係者を自ら育てていこうという声をみんなであげて、「農村医科大学をつくろう」という機運が高まってほしいですね。

いろひら・てつろう　1960年生まれ。東京大学中退後、90年京都大学医学部卒。長野県厚生連佐久総合病院、京都大付属病院などを経て、98〜08年南相木村診療所長。NPO佐久地域国際連帯市民の会（アイザック）事務局長。

2　国民皆保険50年——私たちの「宝」を失わないために・色平哲郎

私のかねてよりの畏友、佐久総合病院の色平哲郎氏から、次に紹介する「国民皆保険50年—私たちの『宝』を失わないために」というNHK「視点・論点」（2011年7月6日）で放映した原稿をいただいた。たいへんすばらしいものであったのでJC総研レポート「所長の部屋」への転載を乞うと、喜んで、という許可をいただいた。また、NHKの担当者にも許可をいただいた。

以下に紹介する原稿は、農村医療、ひいては国民全体の医療のあるべき方向を考えるうえで貴重と

考えるので以下、紹介したい。（今村）

健康保険証を提出すると、かかった医療費の一部負担で治療が受けられます。ちょうど50年前、戦後、まだ貧しかった時代のこと、医師会と政府が協力し実現したこの制度に、今、世界が熱い視線を向けています。国民皆保険ときいて、皆さんは「国民全員が医療保険を持っているのは、当たり前」と感じられますか。

日本では発足から半世紀をかけ、この間、次第に「当たり前」になりましたが、海外では今でも決して「当たり前」ではありません。フリーアクセスといいますが、健康保険証1枚で、原則、どの病院の、どの医師にもかかることができる、これは世界中の人々の驚きです。すばらしいことでもあり、すばらし過ぎることでもありましょう。

医療保険には、がん保険や生命保険など、私（わたくし）的なものもあります。これはいざというときのために、各自がそれぞれの判断で購入するものであって、今、海外から注目の的となっている「公的医療保険」すなわち国民皆保険とはまったくの別物です。前提として、ここをご理解ください。

会社員なら健康保険組合（健保）、公務員なら共済組合、自営業なら国民健康保険（国保）。国民全員が、社会保険料を出しあって、本人または家族が病気やけがをした際の経済的負担を減らし、安心して治療ができるように備える。全員のリスクに、全員で備える、そんな「公的医療保険」すなわち皆保険こそ、日本人が世界に誇れる「宝」なのです。

先日タイのバンコクで千人が集まった世界保健機関（WHO）の国際会議に出席してきました。今回の震災ももちろんですが、日本はそれ以外にも2つの点で、世界から注目されています。日本の皆保険が果たして21世紀も持続可能なのかどうか、という点、そして、日本の人口動態が21世紀どうなっていくのだろう、という、この2点です。

なぜ皆保険は世界各国から注目されるのでしょうか。

実は現在、すでに50カ国ほどが皆保険を導入し、サービス給付を徐々に増やしている最中だからです。どの国も悩んでいる。財源についてばかりではありません。むしろ「地方で、農村で、働きつづけたい」と考える医師や看護師の確保が、極端に、難しいのです。たとえ保険証をもっていても、あるいは病院の建物は建っていても、医療従事者がいなければ、皆保険は機能しません。WHOの会議でも「ヘルス・マンパワーを、どうやったら農山村で確保できるのか」という話題が白熱しました。だから、日本の山村で医療に携わる私が呼ばれたのでしょうか。

日本人にとってはごく当たり前となった「国民全員をカバーする医療保険制度」ですが、世界的には、かなり実現困難なことなのです。

日本の農村では、農民たちがお金を出しあって、病院を建て医師を雇ってきました。私が働く佐久病院の正式名称は、「JA長野厚生連・佐久総合病院」といいます。厚生連とは、農山村などに医療機関を確保するため、農協が設立した組織。無医村の解消、そして比較的安い費用で受診できるように、との配慮で、農民の組合が「公的病院」として建設、全国に110以上、その多くが郡部にあります。

農村医学の確立者として知られる佐久病院の故・若月俊一院長は、「すべての医療は、地域医療でなければならない」と語り、その立場に徹して病院を育ててきました。今、地域医療が注目されるのは、逆にいえば、医療が地域から浮いてしまっているからかもしれません。つまり、患者との距離ができてしまった、ということでしょうか。

私は十数年間、山の村の診療所長を務めました。信州のおだやかな山村に、毎年、百数十人の医学生や看護学生が実習に来てくれました。

栄光の50年の歴史をもつ日本の皆保険ですが、今、財政赤字、未納、滞納、そして無保険者の増加、などの問題がでてきています。そんな国内問題で、この貴重な制度資本が崩れかねないのではないかと世界中が心配している。この心配を、来村する若い学生たちに説明いたします。

不安材料はほかにもあります。外国に行って医療を受ける「医療ツーリズム」の増加、さらには日本も参加を検討しているというTPP（環太平洋経済連携協定）などです。つまり、国内問題ばかりではなく、海外からの大波でも崩れかねない。日本の公的医療保険がそのような危機的状況にあることについて、多くの日本人は、知ってはいても、関心をもててはいませんでした。

ところで、人間、死亡率はいったい何％でしょうか。100％です。すべての人が必ず死にます。お坊さんのお写真です。だから医療保険は、国民全員、みんなが使うのです。ほとんどの日本人が、日本の医師にかかって亡くなるわけでしょう。となれば、もっと、もっと、普段から医療制度について「自分のこと」として考えておかないといけないのではないでしょうか。

高齢化問題も同じです。人口動態をみると、日本は世界最大規模、そして最高速度で高齢化が進行中です。高齢者人口は今から20年後、2030年代に極大になります。ここをどう乗り越えるのか、日本社会全体で必死に考えなければなりません。交通弱者の増加、街づくりの問題、そして単身生活者の激増、が社会全体を覆います。介護人材を確保できないと、自分たちの老後がないんですよ。もちろんあなたの老後も、です。

そしてこの問題、「こうすれば大丈夫」という答がありません。人類史上初めてのことに直面しているのですから。高齢化が進むと、「医療技術でなんとかできる時代」は終わります。認知症はもちろん、ほかにも治せない病気、治しきれない病気がどんどん出てきます。

社会福祉や介護の問題について、医師に意見を求めたがる人は多いのですが、医療技術の専門家たる医師には、残念ながら、超高齢社会の実像は見えておりません。

先ほど医療ツーリズムの話をいたしましたが、日本人が外国に治療に行く、だけでなく、外国からも患者さんが来ます。例えばどこかの国のお金持ちが、コンピューター断層撮影（CT写真）を撮るために日本に来る。その分、検査の待ち時間も長くなりますから、日本のお金持ちは「あの外国人と同じだけ自費で支払うから、先に撮ってくれ」と言うことでしょう。そうなったら大変です。つまり、お金持ちが来て儲かる、そんな都会の病院ばかりに医師や看護師が集まる。すると、地方はどうなりますか？

地方在住の人々は、TPPにも切実な危機感をもっています。一方、農業問題ばかりがクローズアップされがちなせいか、都市住民はあまり関心がありません。TPPが、実は、都市部も含め「国民全員の暮らしと老後を直撃するものだ」ということを忘れてはなりません。反対論というより、くれぐれも慎重でなければならないと感じる次第です。私の立場としては「留保」でしょうか、まず、大義がわからない。

農業はもちろん、医療や金融サービスの提供体制などを損なってまで参加しなければならない理由が、何ひとつ具体的に説明されていません。そしてTPP参加が、最終的に、皆保険の制度崩壊につながることを危ぶんでいます。TPPへの参加検討にあたっては、公的医療保険を「自由化」にさらさないよう、日本政府に強く求めます。何より気になるのが、国民の議論がないことです。選挙では、全政党が、「皆保険堅持」を訴えつづけています。

皆保険は、震災が起きる前から、医療費膨張による財政悪化と医療への市場原理導入という二つの危機に直面していました。一部の人の「ぬけがけ」が、貴重な制度資本を崩壊させます。世界中の人々があこがれるジャパン・ブランド「皆保険」。

公的医療保険の持続可能性について、国民全員が考えつづけることを期待しています。

3　家庭と地域、暮らしと生産、福祉をつなぐ「生き活き塾」の活動
——JAあずみ総務開発事業部 福祉課・池田陽子さんの活動

先日、長野県のJAあずみを訪れた折、池田陽子さんにお会いすることができ、その広範な活動の実際にふれるなかからメディコ・ポリスのあるべき方向について多くのヒントをいただくことができた。以下、池田陽子さんの推進する「生き活き塾」の活動を紹介しよう。

この「生き活き塾」はすでに7期（1期2年）を迎え、長い歴史をもつと同時に、ＪＡ組合員や農家の方々だけでなく広く地域住民からの参加も広がり、第6期終了生１０２名中、男性も21名と近年男性の参加者も多く、また高齢者のみでなく40～50代の中堅層の年代層も近年増えてきているという。（今村）

〝あんしん広場〟は地域の活動拠点

生き活き塾での学習が契機となり「あんしん」会員になる塾生も大勢います。そして、〝あんしん広場〟、また「朗読ボランティア」、直売所「ふれあい市 安曇野五づくり畑」「菜の花プロジェクト安曇野」「学校給食に食材を提供する会」などが生まれました。

生き活き塾から育った活動は、安曇野市ブランド会議と連携をもち、「菜の花プロジェクト」「ぬかくど隊」といった、地域活動を支えるリーダーたちが活躍しています。

住み慣れた地域で安心して生き活きと暮らすには、地域で独りぼっちをつくらないことを目的として、「どこからでも、どなたでも」をキャッチフレーズにしています。

〝あんしん広場〟の運営は、お世話係が中心になって、皆さんが会費を持ち寄ってさまざまな取組みをしています。おしゃべり、お茶会からスタートして、血圧測定、交通安全教室、太極拳、カラオケ大会などを行っていましたが、七夕やお彼岸などの行事や行事食をつくったり、畑を借りて協同でひまわりや菜の花、黒大豆などをつくったりする〝あんしん広場〟もできました。

「ふれあい市 五づくり畑」は生き活き塾で習得したものを生かす実践の場

平成14(2002)年6月に、直売所「JAあずみふれあい市 安曇野五づくり畑」を安曇野スイス村の敷地を借りて開設しました。生き活き塾で生きがい農業を学んでいる塾生たちが「お裾分け」の気持ちで販売しています。

名称は、自給率向上運動である「五づくり運動」の、①家庭菜園を充実しましょう、②家庭果木をつくりましょう、③雑穀・大豆をつくりましょう、④ニワトリを5羽飼いましょう、⑤手作り加工をしましょう、からとられました。

15年4月からは学校給食への食材供給を始めたり、「生涯フェスティバル(安曇野市)」や武蔵野市(旧豊科町姉妹都市)でのイベントにも参加したりしています。〝あんしん広場〟を併設していて、全国各地からの観光客を通じて、地元農産物や地域の伝統的な食べものなどを全国に発信しています。

生き活き塾「菜の花プロジェクト安曇野」の誕生

平成16年10月14～16日、第3期生き活き塾生の修学旅行「南九州霧島・指宿の旅」で家庭でどれだけのエネルギーを自給し、環境を汚さずに暮らせるかを学んだ塾生たちが、安曇野スイス村前の休耕田を借りて、同年11月1日、30ａにアブラナの種をまいたことから始まりました。

安曇野の休耕田を真っ黄色に染めようという運動は、「おいしい油を食べたい」という思いから、菜の花を咲かせて油を絞るというエネルギーをつくりつづけています。

江戸時代からの伝統的な「玉締め絞り」で搾油を続けている福島県の「平出油屋」さんに、搾油を依頼しています。菜種油が本来もっている豊かな風味を皆さんに味わっていただいています。19年からは、安曇野給食センターに菜種油・ひまわり油をプレゼントしています。

声に心をのせて…「朗読ボランティア」

生き活き塾で元ＳＢＣアナウンサー大久保知恵子先生から朗読の指導を受けた塾生の有志が、自ら先生にお願いして学んでいます。

きびしい指導のかいあって、技術ばかりでなく気持ちのこもった朗読や読み聞かせで、〝あんしん広場〟やデイサービス「あんしんの里 楡」「あんしんの里 南穂高」では皆さんに大変喜ばれています。

「学校給食に食材を提供する会」

ＪＡのハウスを借りて共同作業でつくったミニトマトや、各自の菜園でつくったジャガイモを、安曇野市内の給食センターに納めています。次代を担う子どもたちのために、生き活き塾で学んだ安心・安全野菜づくりのノウハウを実践しています。

「あんしん」の絆づくり

「住み慣れた土地、住み慣れた家でつつがなく明るく生き活きと暮らしたい」。そんな誰もが思う夢の実現に向け、「できる人ができることをできる時に」活動を続けて12年。真に「子どもたちが安心して」「高齢者が生き活きと生きがいをもって元気に」暮らせる地域を目指し、人と人との絆を基本に、家庭や地域で助け合って暮らせる里づくりに取り組んできた。

ＪＡあずみは、２年後の介護保険事業へ向けて、平成10（１９９８）年３月に福祉課を新設した。と同時に、ＪＡが取り組むべき高齢者福祉の姿を見据え、地域のなかで助け合う、会員制の有償在宅サービスを立ち上げた。組合員が高齢化し、人間関係も希薄になるなかで、「困ったときはお互いさま」という古くて新しい縁づくりが必要と考えたからだ。

ＪＡの長期構想に向けたアンケートでも、ＪＡに望むのは高齢者福祉活動の充実だった。根底には、健康・老後・農業への不安があった。この地で安心して生き続けたいという気持ちを「あしたへのあんしん」という詩に込めて、皆が協力しあって安心して暮らせる里をつくり続けようと呼び掛けた。

そのために、学び、話し合い、協同活動を行う「生き活き塾」を開講して、学んだことを家庭や地域で実践してもらった。目標を決めたら、企画から実行、財源の手当てまで、参加者らが自ら主体的に行う。これこそ協同組合運動としての原点にほかならない。

自ら「したいこと、できること、今やるべきこと」を考え、それを繰り返し実践するなかから、自分自身の知恵や能力を発揮する活動をすすめた。平成12年の寄合所〝あんしん広場〟をはじめ、14年「ふれあい市 五づくり畑」、16年「菜の花プロジェクト安曇野」や「朗読ボランティア」と、多彩な活動が生まれた。

JAらしさを前面に、食・農・健康にかかわる活動をすすめたが、21年には「学校給食に食材を提供する会」も誕生した。これらの活動は地域や全国で支持され、安曇野ブランドデザイン会議、豊科南小学校、早稲田大学、金城学院大学等とは、フットワーク軽くネットワークを組んで、チームワークよく活動に磨きをかけている。

活動も10年を経た今、参加者も歳を重ね、地域の状況も変わった。安曇野でも「買い物難民」が増加している。そこで、22年10月、皆んなで資金を出し合って軽トラックを購入、「御用聞き車〝あんしん号〟」が〝あんしん広場〟を巡回し始めた。幅広いものの考え方のなかから、創造性と柔軟性、そして少しの勇気を発揮した結果だ。

これからも、参加者一人ひとりがもっている豊かな感性や発想を大切にして、活動を運動としてすすめ、さらに多くの人たちとネットワークを築いていきたいと考えている。

第11章　次世代を育む
――農業者大学校新入生の心意気

毎年、恒例の農業者大学校新入生への講義を行ってきた。農業者大学校の講義は「食料・農業・農村政策の望ましい方向」というメインの講義と併せて、次に紹介するような「私の10の提言」を提起し、締めくくった。まずそれを紹介し、次に、それに対する新入生諸君からの心意気が寄せられたのでまとめて紹介する。

1　農業者大学校新入生への私の10の提言

①Challenge！at your own risk！

この言葉を、私は「全力をあげて挑戦せよ。そして自己責任の原則を全うせよ」と訳している。25

年前（1984年）から指導してきた全国各地の農民塾生たちに何が胸に残っているかと聞いたら、いずれもこの言葉だと言った。この言葉を最初に耳にしたのは、26年前にアメリカ・ウィスコンシン大学客員研究員として行っていたときである。農民の親から子への農場継承についての実態調査を広汎に行ったが、そのなかで中西部の農民から聞き胸にグッときた。アメリカでは農場主の父が引退するとき、「私が農場を買って経営主になります」と言った子ども（長男ではなくても次男でも三男でも、次女でもよい）に継承させる。そのとき発せられた言葉であり、重い。

② Boys be aggressive !

これは、「自らの新路線を切り拓き積極果敢に実践せよ！」と訳している。明らかに、明治の初め札幌農学校を辞するにあたり発したクラーク先生の〝Boys be ambitious !〟（青年よ、大志を抱け）をもじったものである（なお、Boys は一般名詞であり女性も指す。男女差別語ではない）。

今から52年前（1963年）、私が東京大学大学院を終了し㈶農政調査委員会という研究所に研究職員で入った折、理事長の故・東畑四郎氏が言われた言葉。この言葉を胸に農政改革の諸課題を積極果敢に解明、その改革方向などを提言してきた。皆さんもこの二つの言葉のもつ路線を胸に抱き実践していただきたい。なお、東畑四郎氏は本農業者大学校の創立者である。

③農業ほど男女差のない職業はない

この言葉は、青森県のJA田子町の専務理事（現JA八戸監事）佐野房《さのふさ》さんから聞き、胸にずしんときたものである。私はこれまで、「農業ほど人材を必要とする産業はない」「JAほど人材を必要とする組織はない」と言ってきたが、この佐野さんの言葉もまさに核心をついている。

これまで日本農業の6割は女性が支えており、他のどの産業分野を見ても女性が半ば以上を占める産業はない。JAも女性の正組合員化をすすめ、理事等役員も女性比率を高めていかないと弱体化していく恐れが強い。

④「多様性のなかにこそ、真に強靭な活力は育まれる。画一化のなかからは弱体性しか生まれてこない」「多様性を真に活かすのが、ネットワークである」

この考え方は私の信念とするところである。多様性に富む地域農業があり、多様性に富む個性をもつ組合員がいて、強力なJAになれる。とりわけJAの役職員、そしてJA女性部・青年部の皆さんは、多様な個性に富み、多方面にわたりJA改革に取り組み、また女性部、青年部は多様な形で農業や農産物加工や直売活動に携わり、地域コミュニティの活動を推進していると思う。

その多様な個性をいかに活かすか、そのネットワークづくりが重要になってくる。個性を殺す画一化路線は駄目だ。ＪＡ女性部・青年部は多彩なネットワークの拠点である。

⑤Change を Chance に／逆風が吹かなければ凧は揚がらない

農業・農村そして社会経済の激変（Change）をただ嘆くのではなく、Chance がきた（好機到来）と受け止め、新たな飛躍の路線をつねに考え実践に移す。

〝g〟を〝c〟に変えるという発想で、つねに前向きに考え新しい方向を切り拓こう。そして、逆風が吹くからこそ凧は揚がるという精神で、つねに困難のなかで新しい道を切り拓いてすすもう。

⑥ピンピンコロリ路線の推進を

今、農村では農村人口の高齢化が急速にすすんでいる。しかし、私は農村の高齢者を「高齢者」と決して呼ばず、「高齢技能者」と呼んできた。農村の高齢者は単に年齢を重ねてきたのではなく、知恵と技能・技術などを頭から足の先まで五体にすり込ませて生きてきた人たちである。そのもてる知恵と技能を、地域興しに、とりわけ農業生産活動に活かしてもらいたい。

高齢技能者はつくったり加工したりするのは上手だが、売るのは下手だ。そのためには、とりわけ若い女性、中堅の女性たちの多面的なリーダーシップが高齢技能者には必要不可欠である。高齢技能者を老人ホームなどに送り込むのではなく、直売活動、コミュニティ活動など、消費者や地域住民との接点を求める活動に参加してもらい、そのもてる技能を活かしてもらいたい。

それが元気回復の源泉になる。そういう活動を行うなかで、ある日、みんなにたたえられて大往生を遂げていただくようにしてもらいたい。

⑦計画責任、実行責任、結果責任

どういう仕事や事業、経営などを行っても、この三つが基本原則である。「絵に描いた餅は食えない」と昔から言われてきたが、JA関係の分野では一般的に絵に描いた餅、つまり計画ばかりつくり、計画倒れが多すぎたと思う。

今こそこの三つの原則、つまり計画責任、実行責任、結果責任をきちんと実現するような体制と活動スタイルを実現しなくてはならない。とくにJAの役員はこの三つのテーマをいつも胸に抱きつつ、JA活性化、地域活性化の活動をしてもらいたい。

⑧皆さん、全員、名刺を持とう

日本の農家で名刺を持っている人はこれまでほとんどいなかった。他の産業分野と決定的に異なった日本農村の特徴であった。名刺をつくり、持つ必要がなかったからだが、これからは違う。名刺は情報発信の基本であり、原点である。自らの行っている仕事や活動に誇りをもち、世の中すべてに語りかけ働きかけるためには、パソコンによる手づくりでよい、名刺を持とうではありませんか。

しかし名刺をつくるには、自らの経営や活動の内容がわかる肩書きが要る。自らの活動を広く社会に向かって示す内容豊富な肩書きを書いた、人目をひきつける美しい、そして楽しい名刺をつくりましょう。

⑨農業の6次産業化ネットワークを推進しよう、「農工商」連携を推進しよう

1992年から私は農業の6次産業化（1次×2次×3次＝6次産業）を提唱し、農村の皆さんに呼びかけてきたが、多様な部門でそれを推進してもらいたい。典型事例をあげておこう。

食の分野では、

○農産物直売所のさらなる推進、女性起業のさらなる発展
○大豆の本作化と非遺伝子組み換え大豆（Non-GMO大豆）による多彩な大豆食品の開発
○多様な米粉加工品（パン・麺・非常食・防災食・老人食など）の開発
○ペットボトルで米（精白・7分づき・5分づき・玄米・五穀米等々）を売る。若い女性が買いたくな

るような売り方である。そのラベルになるポスターを地域の児童・生徒から募集する。
○伝統野菜や果実の販売と多彩な加工・全利用の開発による消費者の希望に応える。ドライ・フルーツやドライ・ベジタブルは高齢化社会の必需品になるだろう。
○山菜やキノコなど多彩な林産物の多面的加工と販売など需要の拡大
○農家住宅を活用した修学旅行の受け入れと食農教育の拠点づくりなどの多彩なグリーン・ツーリズムの展開（その場合、3点セット、つまり水洗便所、洗濯機、シャワーの改良・設置が必要）
○とくに中山間地域は、その立地特性を活かし、その景観や多彩な資源を生かし、農林業はもちろん多面的産業拠点の創造と活性化
○耕作放棄地、里山へソーラーシステム・太陽光発電機を導入して電牧を設置し、放牧牛の「舌刈り」による景観の回復と「景観動物」による豊かな農山村の実現（そのためには県や市町村による“Rent A Cow”システムの設置）など農村活性化へ向けた新基軸を創造しよう。

⑩「所有は有効利用の義務を伴う」「農地は子孫からの預かりものである」

「所有は有効利用の義務を伴う」、この原則は農地改革の基本原則であり、私の信念でもある。農地改革で生まれた零細多数の農民の経済的地位の向上と農村の活力を推進するために組織されたのが、

農業協同組合であったはずである。

戦後70年、それが今、風化しようという時代になりつつある。耕作放棄地が激増し、農地の有効利用への関心が低下するなかで、改めてJAは今こそ「所有は有効利用の義務を伴う」「農地は子孫からの預かりものである」という基本理念に立ち返り、その旗を高く掲げ、地域農業の活力を取り戻すべく多彩な活動を行う責務がある。

⑪むすび

「時間軸」と「空間軸」という二つの基本視点に立ち、近未来（5～10年先）を正確に射程に捉えつつ、一層の活力ある多彩なネットワーク活動を通して、地域農業・農村の活性化に全力をあげよう。

大要、以上のようなまとめで締めくくった私の講義に対し、新入生の諸君から感想をいただいた。ほんの一部だが以下紹介したい。

2　農業者大学校新入生の心意気を伝える
――平成22年度新入生の抱負と将来への展望

農業には伸びしろがある――農業に対するイメージが全く変わった

農業者大学校に入学してから2週間が経ちましたが、私のなかでの農業に対するイメージは入学する前とは全く違ったものになってきています。

新聞やニュースでの農業のイメージといえば、衰退産業であるとか食品の偽装問題、食糧危機問題などピックアップされるのはあまり良くないものばかりです。もちろんなかには明るいニュース、新しく農業にも希望はまだまだあると思わせる記事もたくさんあるのですが。

しかし、この農業者大学校では、生徒は皆そのようなものは全く関係のないかのような明るさです。もちろん職員の方が企画してくださる講義がそのように感じさせるのだと思います。講義をしに来てくださっている先生方は、まだまだ農業には伸びしろがあると言ってくださってるようであり、とても楽しいものでした。

私がこれからどのような農業を目指していくのかはまだまだ変わっていくと思います。社会のニーズにあわせて農業をしていくことはもちろん大切ですが、私が何をしたいのか、それをはっきりさせなければなりません。まずは自分が楽しんで農業をやれることが第一です。そのうえで積極的に他産業や消費者と関係をもちたいと思います。

私が興味をもってできる仕事が少しでも地域社会によい影響をあたえ、地域の活性化の一部になることができたらよいと思います。そのためにも農業者大学校でのこれからの2年間を充実させていきたいと思います。

親への反発から農業以外の学問を専攻した私だったが……

先生の講義の中で再三登場した「自己責任」と「チャレンジ」という言葉に改めて身の引き締まる思いがしました。

百姓の子として生まれ、機械に乗り、土にまみれる父の背中を見て育った私は、当然のように農業の道に進むことへの疑問と親への反発から農業以外の学問を専攻し、農業以外の仕事に就きながらも、いずれは自分もそうなるのだろうとずっと感じていました。先生の講義の中で、アメリカの農場継承の話を聞いて自分の「甘さ」を痛感しました。やはりそこまでの気概が必要なのだと。

ただ漠然と、まるで農業の世界に入ることが宿命かの如く歩んできた自分にとって、まさに青天の霹靂と言わざるを得ない内容でした。農業者大学校への入学を両親に提案したのは他ならぬ自分自身ではありますが、まだまだ覚悟が浅かったんだなと思います。このアメリカの農場継承の話は深く胸に刻み込み、心が折れそうになったときに思い出したいと思っています。

次に、人材の話でしたが女性が活躍する場が広がればいいという話でしたが、私もそう思います。「ムラ」という社会の中ではなかなか時間がかかることではなかろうかとは思いますが、今のこの時代も後押ししてくれると思います。

私の実家では母親が商業高校出身ということもあってか、多くの農業経営体でそうであるように、当然かの如く経理を1人で担当しています。しかし、過去にはトラクターを乗りこなす女性従業員がいたという話を父から聞いたこともありますし、現在も実家の果樹部門の現場責任者は弱冠20歳の女性従業員です。

やはり、女性はただ単に「栽培すること」に興味があるだけでなく、農作物そのものに愛着をもって接してくれるので果樹や野菜の扱いも丁寧です。私自身、将来の伴侶となる女性には（そんな女性がいてくれれば）、共に農業に従事してほしいと思っています。美や健康という側面から見た「食」というアプローチでのマーケティングや、女性同士のコミュニティー形成など、女性にしかできない仕事はいくらでもあると思います。

最後に、農業関連団体の職員が中学校を訪問しないという話がありましたが、非常に残念なことだと思います。彼らは担い手不足を叫ぶだけで何もしていないように見えてしまいます。やはり現場にいる人間が働きかけていかないといけないと強く感じます。そういった面でも社会に貢献できる農業者になれるよう頑張りたいと思いました。

「共存共栄」という考えのない人に農業を任せたくない

1次産業、2次産業、3次産業、足しても掛けても答えは6になるが、足し算思考だと、例え1次産業が0になったとしても、2次産業、3次産業にその分の力を注いだほうが、より効果的になると考えられる。

でも、掛け算思考だと、どれかが0になってしまえば、どんなことをしても解は0になる。私は、非農家出身なので、自分に栽培ができるか、という点に意識が向かいがちだった。けれども、これから農業をやっていくにあたって、全てにバランスよく力を注ぐのが一番良いのだと感じた。夏からの派遣実習では、実習先の農家の仕事全体を俯瞰するように、勉強していきたいと思う。

そして自分がどうして農業をやろうと考えたのか、再確認することができた。自分自身は、非農家の出身ですが、農地を購入してまで農業をやろうとは思わない。それくらいの気概をもてと言われるかもしれないが、農地が借入金の相手科目として、バランスシートに載ってくるには、大きな疑問を感じる。新たに農業を始めるにあたって、農業をやるうえでの大前提が借入金の相手科目として金額で表示されるのであれば、「借金を返す＝キャッシュフローを考えれば、必要以上の収益を必要とする」ということになり、農地は24時間操業の工場の機械と何ら差がなくなる。スタートラインの誤った農業、その行くつく先はどうなるのか容易に想像がつくし、現実に起こり始めている。

世界中に安価な穀物を輸出して、力の弱い国から食料を生産する能力を奪い去っておいて、より収益を増大させることができると見るや、食料生産からバイオエタノールの原料生産に切り替える。

資本主義だからといって、食料を生産しているものとしての責任や共存共栄という考えのない人に、私自身は、家族の食べるものを全てまかせる気にはなれない。

納得して死ねる農業人生を送りたい

自分の家は農家でありますが、ずっと農業者として過ごしていると米価の下落や高齢化等のマイナスイメージが強く、消極的になっている気がして、このままでは駄目だ！と思い、この学校に来ました。新規就農希望の人の良い意味で知識が少なく先入観のないポジティブな姿勢に毎日刺激をうけている最中です。

先生から頂いた資料に載っている様々な農業の事例を見て、また刺激を受けました。どの事例も一つとして同じものはなく、みなさん自分の地域の特色や得意分野を最大限に生かしながら経営をしています。毎日、先進的農業を目指し様々な情報にふれているうちに、何が正しいのか、答えなのか分からなくなっている状況でありますが、ただはっきりとわかったのは「ないものを嘆くより、あるものを生かせ」ということです。ついつい感化されて、新しい作物をつくっても、自分の地域に合わなければ意味がないです。農業は土着型の産業だからこそ、自分の地域の特性を十分理解し、活かすことが一番有効でないかなと思っています。

先生の授業で得た様々な考え方、理論、アイディアのエッセンスを吸収し、理想だけで終わらないように努力したいと思いました。とくにペットボトル米のアイディアは何かに活かせるのではと思います。

将来は地元に戻って、親の築いてきた農業を習得しつつ、改善を加えてより一層豊かになれる農業をやりたいと思います。「豊かになる」とは非常に曖昧な表現ですが、金銭的にも豊かに、心を豊かに、環境や地域も豊かになって、自分だけでなく周りの人も巻き込んで豊かになりたいです。農業は毎日が試行錯誤で答えの見つからないものかもしれませんが、その時々でベストを尽くし、納得して死ねる農業人生を送りたいです。

〝中山間地域での新規就農〟という選択肢を胸に

「政策審議会において日本の農政を改革すべく数々の提言を行ったが、実現に至るのは困難を極めた。だが、自分の提案が骨子となり、実を結んだ提案がある。それが『中山間地域等直接支払制度』だ」

このたびの講義の中で印象深かったことは、もちろん昨今、将来の農業のあり方を語るうえで欠かせない「農業の6次産業化」という言葉の生みの親が、今村先生であったことは言うまでもありませんが、それと同じく興味を引かれたのがこの冒頭のご発言です。

と言いますのも、私は都会の非農家出身です。そのため、将来の就農候補先として耕作放棄地や後継者不足が問題となっている中山間地域を検討し、入学前にもいわゆる中山間と呼ばれる場所で、約2週間と短期間でしたが農業実習を体験しました。しかし、現地の気候条件、農地・農道の整備状況、田畑と居住地までの立地条件などは想像以上に厳しく、デメリットばかり目が行ってしまい、実習が終わる頃には「自分にはとても無理だ。やはり都市近郊がいいな」と考えが変わってしまいました。そんな折に講義で「中山間」というフレーズを耳にし、この地域への関心が私の中で再燃し始めました。

「でも、どうして『中山間』に限定するのだろう。この地域を特別扱いすることに何の意味があるのか。補助金をバラまいたところで農村は依存性を増すばかりだし……」と疑問に感じたので、この点について講義後に質問しました。「それならば日本の農政と補助金に関する私の著作『農政改革と補助金』を読むのがよい」との助言を頂き、翌日学校に近接する研究所の図書室で入手し、拝読いたしました。

この本では、明治期から現代に至るまでの補助金に係る歴史的展開、補助金の構造や機能が述べられているほか、これまでの補助金政策がいかに地域事情に即さず、画一的で農村住民の自立性を損なうものであったかという課題が明らかにされていました。そのため読後には、中山間地域等直接支払制度というものが、著作で提言されているＲＤＦ（Rural Development Fund 農村開発基金）と呼ばれるシステムに源流をもち、旧来の補助金制度とは抜本的に異なるものであることを知りました。なぜならそのねらいは、地域住民が自ら主体的に責任をもって交付金を活用することが可能であり、多種多様な地域の提案を最大限活かして支援することにあるからです。この助成方式であれば、農業条件が平地と比べ非常に不利な中山間地域で営農活動を行っている農業者や新規就農予定者にとっても大きな支えとなるでしょう。

先生の講義や著作を通して、私の中で「中山間地域での新規就農」という選択肢が大きなウエートを占めています。講義中でも語られたご提言の中でも、「Challenge！at your own risk！（全力をあげて挑戦せよ。そして自己責任の原則を全うせよ）」と、「計画責任、実行責任、結果責任」という二つは、私たち農者大生が目指す姿である「自己変革する農業経営者」「世界的視野で考え、地域で行動する農業者」と相通ずるものがあります。私が将来、中山間地域で就農していたとしたら、そのキッカケは今村先生です。

都市近郊で新しい農業に挑戦する

正直に申しあげまして、これまで農業の世界と関わりのなかった私は先生の過去の偉業や功績など何一つ存じ上げませんでした。しかし、19日の2時間半に亘る講義を聴く中で、先生の考えを（自分の理解できる範囲ですが）理解することができたことを大変喜ばしく思います。

さて、話は変わりますが私の家は埼玉県で農家をしています。そして私はその家の長男ですので先生の講義でお話しされていた典型的な過去の遺産である社会の構成員なのかもしれません（笑）。それが理由というわけではないのですが、先生のお考えは少し私には刺激が強すぎたように感じています。

今回の講義の中でお話しされていた6次産業化や日本型農場制農業はいずれも農業の大規模経営化という一つの方向性に基づく提案であると私には思えました（時間の制約があり私が勝手にそう解釈した

だけかもしれませんが)。無論、日本の農作物が輸入農作物と競争していくうえでは価格の面だけでなく、安定供給することを考えても大規模化は必要なことだと思います。

しかし、私がやりたい農業のビジョンの中には大規模化というものはまったくありません。それは「私の住んでいる地域は東京からも近く、ほとんどが住宅地で空いている土地がない」という私の就農環境、及び「パートタイマーや期間労働者など非正規雇用の人材を使っての経営はしない」という私の信念があるからです。とくに「パートタイマーや期間労働者など非正規雇用の人材を使っての経営はしない」という私の信念は今、農業者大学校に入学したばかりで、やりたい作物も経営も何一つ決まっていない私が唯一今村先生に所信表明できることだと思います。

少し批判的になりますが……

講義を聞いて自分なりに考えたことを書きたいと思います。批判的になってしまうかもしれませんのでご了承下さい。

「6次産業化」についてですが、先生は1×2×3=6という、掛け算で表していました。これは1次、2次、3次、のどれかが0になっていれば6次産業は成立しないということです。未来の農業の姿としての理想であるとすれば、この6次産業化はとても魅力的に聞こえます。

しかし、現実的に考えてみれば、今農業を目指している私たちにとってはかなり敷居が高く、就農と同時に6次産業化させた農業をプランとして組み込むのは困難です。農村の活性化や農業経営体の経営多角化が農業の6次産業化の目的であると思うので、私が思うには、まずは2次・3次産業とのつながりやネットワークを形成することが非常に大切ではないでしょうか。そこからお互いのもつノウハウや強みを活用していければよいと思います。

このことは「多様性を活かしたネットワークづくり」にも通ずるところがあります。ノウハウや強みが多様な個性を生み出しています。その多様性を活かせるように、できるだけ様々な所とのネットワークをつくり活かしていくことが、農業の可能性を大きく広げてくれると思います。

「農業ほど人材を必要とする産業はない」ということですが、どの産業でも人材を欲しがっています。そして、自分の産業こそ人材が最も足りてないと考えていると思います。人材がもう十分だと思っているような産業には未来は無いです。人材とはどういうものか、人多地少から人少地多への変化、家業継承者の激減、といったことを改めて言葉にすることは私たちに人材に対する問題点をはっきりさせるということではとても意義のあることだと思います。人材が必要なのに少ない、この問題をどうするかについて私なりに考えてみました。

まず、人を多くすることが考えられます。しかし、統計調査をみる限り農業労働力は年々減少しており、増加はあまり期待できないでしょう。となると、いまいる人たちで頑張るしかないです。まず、新規就農者や若い農業従事者にしっかりとした教育をすべきだと思います。その時に大切であり活用していきたいのがネットワークです。色々な人から多くのことを教えてもらうこともできますし、またこちらが教えることができることもあるでしょう。そうして農業に携わる人たちがお互いにレベルアップしていければいいのでは、と考えています。私はこれから先の人生、農業を中心として生活していき、農家として生きていきたいです。半分ほどが耕作放棄地となっている祖父母の土地をまた農業ができるまでにしたいです。

まず作物を栽培して出荷するという農業の基本をしっかりさせたいです。それが一通りできるようになったら経営の多角化にも取り組んでいきたいです。そのために、農業者大学校では農業経営者としての感覚や技術力を身につけたいと考えています。ということは、農業者大学校ではしっかりと勉強しなければいけないので、まずは履修した講義にすべて出席して講義中も寝ないようにするということが必要であり、これが私の達成しなければならない最初の目標です。

ペットボトルで米を売ろう

今村先生の授業を受けて、私はお米をペットボトルで売るのに興味をそそられました。先生が授業の中でお話しされたことなのですが、持ち歩きが楽で冷蔵庫にも入り、良い品質のまま保たれることと場所を取らないことはよいと思いました。

ペットボトルに小学生たちに絵を書いてもらい、女性向けのかわいいパッケージを作って売ってみても面白いかと考えました。パッケージもそうなのですが、やはり形や分量などを決める必要がある。1kg、2kg、5kg、10kgまたはそれ以上？　私の考えでは、1kg〜5kgがいいと考えます。それは、ペットボトルの中身は市販で売っているもので2ℓ、酒などの入っているようなもので5ℓまたはそれ以上なので、売るとなると女性には重たくて使いづらいと考えたからです。

ジュースなどのペットボトルの本来の口の大きさであるなら、米の出る量が少ないので口を大きくする改良が必要だと思いました。使い勝手を良くすることが売れるのに必要かと考えます。

それから、スーパーマーケットとかにあるペットボトルを買っていただいた人は、無料または有料でおいしい水を入れることができるシステムを、米にしてみたらどうかと思います。たとえば、直売所で初めて1150円のペットボトル型の米を買っていただいたお客様に、次にお米を入れるときは100円引きになるシステムを付けるとかして、定期的に直売所のほうに来てもらい、米を買ってもらいつつ、ついでに野菜も買っていこうという気にさせてみてはどうか。

袋からペットボトルをやるために必要な要点は、袋からペットボトルで米を売るのは馴染みがないから売れない。そのためには、メリット「虫がつかない、場所を取らない、使い勝手がよい、パッケージがかわいい、初めは高いけど今度買ったら安いなど」を中心的に広めていけば売れるのではと考えます。やるとするとペットボトルやプラスチックを加工している業者さんや米の機械の販売をしている業者さん、それに地域の農家の皆さんの協力が必要だとも考えています。

私は卒業してから水稲と野菜をやっていきたいと思っているので、いろいろな地域の農家さんや企業の方との人脈を広めていき、いつかはペットボトル型の米の販売をしてみたいと思っています。

固定観念を乗り越えてWin-Winの姿を農業に

先日は素晴らしい講義をありがとうございました。講義の中でお話がありましたペットボトルを利用した米の販売はなるほどと感心致しました。

確かに会社帰りのＯＬが気軽に買って帰ることができるし、冷蔵庫での保存が可能で、しかもリターナブルで環境にも優しく一挙三得であります。しかも、実現に向けてのハードル（コストや労力）が高くない簡単な事が素晴らしく、米は袋で買うものという固定観念をちょっと疑えばできる発想です。

この話を聞いて私は、自分が如何に固定観念を疑うことなしに、日々漫然と暮らしているのかということを痛感しました。

また、コーリン・クラークが言った第1次産業と第2次産業、第3次産業との間に所得格差が拡大する「ペティの法則」を背景とした農業の6次産業化推進のお話が興味深く、お話を伺う中で、農業を基本におきつつ業界の垣根を越える動きがあることを思い浮かべました。例えば、消費者の嗜好の移り変わりが早いファッション業界では製造から販売までを一貫して行う業態（小売り製造業）に変化していることや、逆に電器産業ではＯＥＭやファウンダリーへの発注などにより商社化が進んでいるような、今までの産業分類がそのままあてはまらない現状が見られることです。

但し、農業の6次産業化（地域農業の総合産業化）が他業界と本質的に違うのは、掛け算の各項の1つでもゼロになってしまえば結果はゼロとなり、6次産業は成り立たないということで、当然産業である以上は資本主義経済におけるコスト削減や効率化の追求という意味も含まれているとは思いますが、それだけに止まらない活動だということです。

すなわち、企業のリストラのように全体のパイを小さくしながらも効率化を追求するのではなく、新たな価値を呼び込むことで、全体のパイを拡大しようとする試みであることです。

農村に新たな価値を呼び込み、お年寄りや女性にも新たな就業機会を自ら創り出す事業と活動であることが大きく違うのだと感じました。

私は非農家出身で、大学卒業後、企業に就職して働いてきましたが、今そのキャリアを振り返ると必ずしもWin-Winの関係を築いてこれなかったと思います。企業から課せられた自分の責務を達成するためにパワー（権力）を使いWin-Loseの関係をつくり利益を獲得してきたことも少なからずあります。時々はLose-Loseの関係となることさえあったと思います。

しかし、今後新規就農者として農業に携わる場合、Win-Winの関係を構築しなければ生き残っていけないと考えています。なぜなら農業は地域に根ざした産業であり活動だからです。

今のところ、私には土地も技術も販路もありません。農作物をつくるにしても一人でできることはたかが知れています。当然、"at your own risk"（挑戦と自己責任の原則）の精神で覚悟を持ってやっていきますが、私がWinするだけでは駄目で、地域や取り巻く環境が出来なければ、結局は自分がLoseしてしまうと思うのです（ゼロの部分をつくってしまうと結果ゼロとなってしまうからです）。

これからは個人の時代ではありません。農業の6次産業のネットワークを推進することが大事です。そのことを念頭に頭と体をフルに使って信頼を獲得し、Win-Winの関係を構築できるよう頑張りたいと思います。

先人を超える農業経営者になろう

農業を志してそれほど時間がない私にとって、今回の講義は実に有意義なものでした。実際の手法についてもさることながら現実に活躍している方々のスタンスや考え方について聞くことができたのは非常に価値があったと思います。

私は農業者大学校に入るまでの間、農業というものについて（世界の産業全体からみるのならば）単純に食物生産をおこなう産業のひとつ、程度にとらえており、これまでの講義中においても農業は科学であり流通や販売まで視野にいれた農業が重要なのだと幾度となく説かれても今ひとつしっくりくるものがなく、釈然としないままに学習してきました。しかし、具体的なスタンスを簡潔にまとめて教えていただくことでひとつの農業者としてのありかたを学ぶことができ、今後の展望が開けた気がします。

とくに、先生の講義の中に出てきたchangeを一文字変えてchanceに変える、という発想や"boys be aggressive"といった言葉、「所有は有効利用の義務を伴う」といった一文に目からうろこが落ちる思いがしました。

今回の講義を通して私が思いを強くしたことには自分のために農業をおこなうということがあります。これまで、私は実家が農業だったということでそれほど深い考えもなく農業を生業として選択しようとしました。しかし、これからを生きるには私が考えている以上に攻撃的な思考が必要だと思い知らされました。私も様々な先人から多くのことを学び、それを越えていこうと努力していこうと思わされる講義でした。

茶道の格、農業の格

今村先生から激励していただいたことに、深く感謝しております。とくに、「農業者のための私の十提言」は言霊《ことだま》として各々の心に響き、これからの礎となると確信しています。

ところで、小生の習う遠州流茶道には、「格より入り、格より出る」ことを修養の基本としております。また、日本文化である茶道を現代から次世代へ正しく伝える理念として、「稽古照今《けいこしょうこん》」という言葉もございます。ご承知かと存じますが、これらは、つねに基本に忠実な実行と、さらに創意工夫の精神を大切にして茶道を学んでゆく心、とを表現する言葉です。ご指摘のございましたとおり、科学性の高い知識集約型産業である農業こそ、先人たる高齢技能者から良いところを真摯に学び、それらを現代社会に生かして新しい価値を創造することが大事なのではないかと思います。農業経営者の卵である我々は、時代とともに発展していく農業の芽を育んでいくことに、大いなるやり甲斐と使命をひしひしと感じています。

全力をあげて新しい時代の農業を

今村先生のおっしゃる言葉はどれも、今日の農業とそれを取り巻く時代をよくとらえていたと思います。多様化が進んだ今日の日本においてはそれがすなわち農民一人ひとり／国民一人ひとりをとらえることにならないというのは、農業で世間と渡り合おうとする者にとって難しいところであると同時にまたチャンスでもあると私は考えます。

私は起業として（新規）就農を目指しております。就農するにあたって、事業の内容だけでなく、自分の貢献対象の照準をどの範囲に定めるか（集落？・地域？・国民？・人類？・）、思いをどんなやり方で表明し伝えるか、ということも、頭と力を振り絞って取り組むに値する仕事だと感じました。

今村先生から聞いたお話を大目標として忘れずに、まずは小さくても実のある仕事を始められるよう、勉強に励みたいと思います。

新しい真の経営者への道

先日は、大変貴重な講義を聴かせていただき、ありがとうございました。これからの農業者のあり方や、意気込み、自分の行動や決定に責任をもつことなどの言葉をうけ、今までの自分にはやはり覚悟が足りなかったように思います。資料を改めて読み返してみますと、地域とのつながりや、行政、他の農業者仲間、ＪＡなどを巻き込んで活動していらっしゃる方が多く、一人では到底行えないような農業の６次産業化を実現し、農業、地域全体の活性化につなげているように思います。そこには㈱田切農産の紫芝氏の言葉にあるように、「リスクをきちんと負える人、地域の経営のリスクの負える人材が経営者である」というように、大きな責任を負い、広く視野をもち、未来の資源や環境、地域社会のありかたまでもを想像し、いち早く取り組んでいる行動力のある経営者の姿がうかがえます。

はじめ、先生の講義を聴き、資料を読み始めたとき、これは紙上の空論なのではないか、実現するのは余裕のある人だろう、こんなにうまく行くわけがない、と正直感じていましたが、実際の活動を読み進めてみて、自分の知る農業やこれまで見てきた自分の親、地域との違いを考えるようになりました。

「良い」と思われることを実行すること（ペットボトル米やソーラーシステムの電牧など）、またその情報をいかに得るか、情報交換をするか、どう利用するか、そして仲間を作る、仲間に入る、協力する、そうして人とのつながりのなかで自他の「人材の５要素」の力をアップさせていく、という姿は今まで自分にはないものでした。

親の農業観を聞いたことはありません、地域の方が何を作っているのか知りません、どんな人が働いているのか知りません、知らないことが多すぎて、情報が少なすぎました。そこで、ゼミの先生に、どこで、何を教えてもらえるのか、情報の得方から指導していただいています。私はそこからスタートです。

世界の未来を考えると、人口が増加し、食料危機が迫っていますし、石油も枯渇します。食料を生産する農地、水源などは守っていかなくてはなりませんし、石油に頼った農業はいずれ破綻します。まずは自分の家の土地をいかに有効利用できるか、農薬など化学肥料をどう減らしていくか、そのうえでどう生産をあげて行けるか、親と語り合ってみたいと思います。

これからの農業という生き方を考える

今村所長の講義で一番印象に残ったフレーズは、「地産・地消・地食」さらにそれに加えて「地育」という考え方です。

私は実家を継ぐためにこの学校で学ぶことは大きいと思い、入学いたしました。一番大きな目的は、代々守られてきた土地を、家業を守ることです。ただそれだけではいろいろな可能性を秘めている農業に携わるのだから面白くない。

就農前に以下のような4つの目的をもてといわれました。

①農業技術・経営を学ぶ

②日本の農が置かれている状況を把握する
③先進農家の動きについていく
④農の提携パートナーを見つける

このことを学んでから、農業を一生の仕事としていこうと考えています。

一週間ほど前に今村所長の今後の農業について考えさせられる講義を受けたのですが、今日の事業仕分けの結果、農業者大学校の存続がだいぶ暗くなってきています。

私はモノ・ヒト・情報が集まらなければ産業は新しくならないと考えています。全国から農業に未来をかけた人材が集まり、就農を目指して、大きな視点から農という生き方を考える場所は、たぶん日本でここにしかありません。入学して1ヶ月も経っていませんが、この学校の存在意義はそこにあり、つながりを重視する農業という分野において、学校を通して作り上げてきた先輩から後輩につながる農業経営者のネットワークを終りにしてしまっては困ります。

「知育」「地育」の部分を学生も、農家もJAにも、国にも改めて考えてもらう時期ではないでしょうか。農業を再生産業として新しくするためにも。

地域を興す核になろう

今回初めて今村名誉教授の講義を受けて、改めて農業とは何か、自分にとって農業の分野で働く意味は？それは誰のため？について考えさせられました。

私は昨年の7月に家庭の事情で県農大を中途退学し、すぐに父の後を継ぐために実家の新潟県南魚沼市に戻りました。

しかし、中途半端で投げ出してきたことへの不満や、もっと視野を広げ知識を修めたいと思い、県農大の頃から興味があった農業者大学校に入学しました。

私にとって農業とは、儲けるためではなく、命を繋ぎとめるための「食べ物」をつくること。私が農業という分野で働く意味とは、地域の伝統を継承し、消費者の方に安全な物を提供するため。それは自分自身のためであり、農業者として生きていくための義務であり、何よりも消費者の方のためです。

私は農業者大学校で経営者としてのノウハウはもちろん、先端的な技術を学び、今村教授をはじめとした全国各地で活躍されている方に話を伺い、卒業後は雇用できるほどの規模に拡大できればと考えています。さらに、新潟県でも注目されている女性の農業経営への参入についても推進する構えです。

卒業後の具体的な計画は、私の家は稲作単一なので、農業委員会に頼り農地を買うか借りて野菜の複合を考えています。ある程度規模を拡大したうえで、雇用を考えたいと思います。さらに、女性が気兼ねなく農業という分野に参入できるように、他の農業法人の方に働きかけたり、研修や委員会などに参加しやすいよう尽力したいと思います。地域に根差したリーダー的存在になるのも夢なので、新規就農者の方の模範になるように努力したいと思います。

今村教授の資料にありました、「農業ほど人材を必要とする産業はない」について、まさにその通りだと思います。単に作業をするだけにしても、販売するには1人ではできませんし、規模が大きければ人を雇うしかありません。多くの人材を必要とする農業は、この不況の中で最も必要とされる仕事ではないでしょうか？　大型特殊などの資格がない人でもやれる仕事が農業には数多くあります。農業に魅力を感じたり、興味を抱いている方は是非、法人もしくは組合に就職されてはいかがでしょうか？

農業者大学校では、トップレベルの経営者を育てる学校です。私も多くの人材の方々と交わり、この2年間を無駄にしないよう、日々の勉学を自分から進んで積極的に行っていきたいと思います。

新しい農業をめざしたい

今村先生の講義をお聞きして、私は先生の「10の提言」のお話が印象に残っています。その中でもとくに三つの提言が印象に残りました。

まず一つ目「Challenge! at your own risk」です。農業をするうえでは、自己責任を全うすることは大切なことだと感じました。そのうえで自分の責任で様々な挑戦をすることによって、物事は成功できるのだと思いました。

二つ目は「Change を Chance に」です。農業は逆風や困難も多い世界ですが、そこをいかに自分の力に変えるかが大切だと感じました。農業だけでなくこの考えを普段から実践していきたいです。

三つ目は「名刺をもつ」です。まだ学生のうちでも名刺を持つことによって、新しい繋がりができ、情報を多く手に入れることができるのだと思いました。今回印象に残った言葉を日頃から心がけていきたいです。

私の考える将来の農業経営は、農作物を栽培するだけでなく、自ら食品加工、販売なども行っていけたらと考えています。まだ具体的にはなっていませんが、先生からも紹介していただいた全国の成功している農業者の方々を参考にして、農業、農村を盛り上げていきたいです。

地域リーダーになれるよう頑張る

今回、今村奈良臣先生のお話を聞いて大変感銘を受けました。

何せ今村先生のお話する内容は私達が普段考えている「儲けてやりたい」だとかそういった類のことではなく、「共益の追求を通して、私益と公益の極大化をめざそう」といった私益のことだけではなく公益のことまで考えていらっしゃって、正直に言うともし自分だけで農業をやろうと考えたらそこまでの考えにはいかなかったのではないかと思います。

今村先生の授業を受けて、私も農業でちゃんと生活していけるようになったら今村先生のおっしゃっていた「6次産業化を通じ、食と農の距離を縮める」というところをめざして精一杯努力していきたいと考えるようになりました。

“Challenge! at your own risk” 挑戦と自己責任の精神を持て。この言葉を胸に秘め今の自分にできる事から始めて、地域のリーダーになれるようできる限りのことに挑戦していきたいです。

食と農の距離を縮める

授業を受けて、食と農の距離をいかに縮められるかがとても重要であると感じました。日本全国で、有名となっている地域ブランドを全国で販売し消費することも大切であるが、全国的に認知されているブランドを生産地内で消費されることが大切であり、まさに、先生のおっしゃるように、地産地消地食を行うことは地域にとって、とても良い影響を与えると同時に、地域活性化にもつながると思いました。

また、近年、食の安全性がメディア等で取り上げられており、生産物の偽装問題や狂牛病問題など、国民は食品の安全性に不安を抱いている。そんな中、国民の不安を払しょくするためには、生産地はもちろんの事、育った環境、生産者、畜産の場合はどの親から産まれたのか等を明らかにできるように、システム化することが重要であり、農畜産物の生産、加工履歴証明（トレーサビリティー）システムを確立する事が必要だと思いました。

食と農の距離を縮めるためには、次世代を生きる子供たちに、実際に、畑にある野菜を収穫してもらいスーパーで売られている物や調理された物とは違う野菜の本来の姿を五感で感じてもらい、子供たちに作物を身近に感じてもらう活動を行う事が重要だと思いました。このように、食と農の距離を縮める事は、食の安全性を明確なものとしていくと同時に、将来の農業にも大きく影響していく事だと思いました。

前衛的な思想を学んだ

先生の講義を通し、

・産業を個別に考えるのではなく総合的に考えるという思想（農業の6次産業化）

・地産地消に加え地食といった徹底した地域との密着

・逆風・逆境をチャンスに変える

・出る杭は打たれるが出すぎた杭は打たれない

といったようなこれからの日本の農業のあり方や前衛的な思想を学ぶことができました。

これから農業を始める身として今の環境をチャンスに変えて日本の農業を支えられる人材となるべく努力していきたいと思います。

自らの新路線を切り拓くぞ

私は農業者大学校で実践的にどのように農業をやっていくのか、地域とどう関わっていくのかを考えないといけないと思います。そのため、私は現場に足を運んで自分の農業を考えていきたいです。中国のことを考えて、日本でどのような農業をやっていくのかも考えてみたいです。今、経済の逆風がひどいです。逆風の中から自分の農業の道を本気でやっていきたいです。日本の食糧を引っ張っていく農業者になります。

逆風こそ農業のチャンスです。食糧は必需品ですが、時代によって変化してきました。しかし、農家は作るだけでした。

私は農産物を加工し販売までして消費者まで届けたいです。この発想をもって農業者大学校で勉学に励みたいです。農業の6次産業化を目指します。1×2×3＝6の考え方でやります。農地は絶対に売りません。昔、作っていた加工品（もち、かき、あられ）を私は誰もがわかるように掘り下げて進めていきたいです。商工農連携をしたいです。非遺伝子組換え農作物でやっていきたいです。

安全性に気をつけます。色々な加工品を考えていきたいです。同時に販売するルートを作ります。消費者の方々に色々な観点から買っていただきたいからです。しかし、基本は農業生産です。農業経営者になっていきたいです。コスト計算、新作物をどう組み合わすか考えます。地域経営も考えます。

私は内発的発展力を基本におきます。自らリスクを背負いながらやっていきます。私の信条として泣き言を言わず挑戦していきます。私は自ら新路線を切り開き積極果敢に実践します。

若い女性を農業に呼びこむ道を考えたい

先生の話は、農民塾での体験など、実際に聞き取り感じたことに基づいている。農業の現場から話を立ち上げていく姿勢に好感をもった。

例えば、浄土真宗の門徒が多いところほど、農業の組織化・集団化が進んでいるという話は、大変興味深かった。宗教と農業の関係……関係ないはずはないんだけれども、意識していなかった。言われてみてはじめて気がついた。また、恵方巻が元は祭事食だということも初耳だった。宗教や歴史の中に、ネットワークづくりのヒントや、村おこしのアイデアが埋もれているところが面白い。イノベーションは必ずしも個人だけに宿るものではなく、過去の蓄積の上に成り立っているのだなとわかった。

「農業ほど男女差のない産業はない」という事実は、そのとおりだと思った。なので、新規に参入する女性（嫁入りでも、単身でも、組織的にでも）をいかに増やすかを論じてほしかった。いまの女性に、農業はかっこいい、面白いと思ってもらうのは、至難の業だと思う。実際、農業者大学校の第42期生も、女性は28人中3人である。

最近、雑誌で農業の特集を組んでいるところが増えている。でも、女性誌で農業の特集とか、農業に合う服の特集をやっているところは皆無だ。その結果、女性はほとんどオシャレな都会のOLになってしまうのではないか、と自分は考えている。若い女性の「おしゃれしたい」願望に巧みに入り込むくらいの政策を考えてほしいと思う。

3　自ら農業経営者を選択し、挑戦しようとしている青年たちが増えてきた
――「酒田市スーパー農業経営塾」の新入生たちの心意気を見る

「酒田市スーパー農業経営塾Ⅱ」の第4期生の入塾式があった。例年だと新年度の初めに入塾式を行うのであるが、今年（2011年）は3月11日の東日本大震災、そして福島第一原発の放射能禍のために、事務局を務める酒田市農政課が避難者の救援、被災地への支援活動などで多忙を極め、入塾式が大幅に遅れざるを得なかった。

入塾式は、酒田市長 阿部寿一氏の開会あいさつ、白崎農林水産部長の塾生の紹介などの後、塾長としての私の講演、入塾許可証授与に続き、来賓の酒田市農業委員会会長 土門修司氏、第3期塾頭奥山秀君などの激励の言葉があり、その後、第4期塾生代表 小野貴之君の決意表明が続き、座長をお願いしている角田毅山形大学准教授の記念講演で入塾式は閉会し、参集者全員による懇親会を行った。

懇親会で乾杯を重ね、新入塾生たちの腹を割った話を聞いているうちに、今年の塾生たちは、これまでの卒塾生たちとはやや異質の発言が多いことに気付いた。

その気付いたことというのは、Uターンをはじめとして自らの意志で、つまり親から説得されて農

業を継ごうというのではなく、農業経営者として新しい道に挑戦しようという意欲に燃えた青年たちが多いということである。

(1) 酒田市農業の新しい路線を切り拓く卒塾生たち

そこで、今年（2011年）の入塾生たちにアンケートを事務局を通じてお願いすることにした。そのアンケート結果については表11－1に示したとおりであり、後で若干のコメントを加えてみたいと思う。

その前に酒田市スーパー農業経営塾の歴史について若干ふれておきたい。

酒田市スーパー農業経営塾は、前酒田市農業委員会会長の阿部順吉氏をはじめ多くの方々から塾長になるように懇請されて1993年に開塾し、私が当初から塾長を務め、もう足掛け18年になり、1期2年の修業期間のため、すでに通算10期になっている。この間123人の卒塾生を数え、酒田市農業を支える人材として育ち活躍している。たとえば第7章に紹介したような㈱和農日向を興した卒塾生をはじめとして各分野で活躍しているが、とくに女性の卒塾生たちは22名にものぼり、酒田市で農産物直売所を興すなど多彩な形で活躍してくれている。いずれ機会を見て紹介していきたいと考えている。

自身が考える農業経営の課題	目指す農業経営
・中山間地域であるため，除草など特有の課題を抱える ・品質の一定化のために機械化が必要	・収入増を目指す
・実家も非農家で自信も農業経験もないため，経費の把握や技術などを試行錯誤している	・トマトを5倍の面積に増やし，販売先をJAのみから生協にも伸ばしたい ・酒田の農業の活性化のため雇用を創出したい
・いかにして利益を出すか販売方法が課題。資材費が上がって市場価格が下がるなかでの値段の設定 ・労働力の確保。ある程度の労働力は必要であるが，雇用するだけの収益がない	・肥料，堆肥を自前で作る ・農薬をできるだけ使わない管理 ・省力化 ・循環型の農業 ・インターネットを活用した広告・販売
・集落営農に参加しているが顔ぶれを見ると自分より若い人がいない。一番年齢が近い人でも50歳を超えている。このままでは立ちいかなくなるのは明白である	・集落営農の他のメンバーにもさまざまな作物を生産してもらい多様な商品を用意できればよい ・集落営農のメンバーの高齢化により農地の集約がすすむと思われるため，法人化を目指したい
・農業にもイノベーションが必要である ・伝統は伝統として継承し，新しい考えを積極的に取り入れ挑戦していく姿勢が重要	・儲かる農業を目指す ・魅力のないところに人は集まらない ・儲けてこそ事業をする意味がある
・農業経営をスタートさせること ・有機栽培を考えているので販路拡大も課題と考える	・無理な規模拡大，過剰投資をしないで身の丈経営を心がけたい ・永続的な農業を目指し，環境に負担をかけないよう昔の農業をヒントに実践していきたいと思う

表 11-1　酒田市スーパー農業経営塾入塾生へのアンケート結果（2011 年）

塾生番号	性別	年齢	経験	Uターン転職	地区	作物	面積（a）	就農前の略歴
(1)	男	37	15		JAみどり	大豆	600	・短期大学を卒業後，県立砂丘地農業試験場で作業員をしながら農業を手伝う
						スプレー菊	250	
						ソバ	50	
						中玉トマト	50	
(2)	男	28	3	Uターン	JAそでうら	トマト	12.5	・関西で農業資材の販売会社に勤務する ・同会社が九州で農業に参入する事業の担当を務める
						ナス	10	
(3)	男	25	6		JAみどり（砂丘）	メロン	60	・滋賀県のタキイ研究農場付属園芸専門学校に 1 年間修学
						イチゴ	8	
						ストック	35	
						ケイトウ	10	
(4)	男	34	1	Uターン	JAみどり	大豆	560	・東京で 10 年間，ゲーム制作会社に勤務。プログラマーとしてさまざまなゲーム制作にかかわる
						パプリカ	30	
						あさつき	4	
(5)	男	48	3		JAそでうら	あさつき	300	・通信系の会社
(6)	男	30	1	Uターン	JAみどり	枝豆	1,120	・仙台市の人気ラーメン店に 2 年半勤務（接客と調理補助） ・酒田に戻り工場 1 年半，半導体製造装置の洗浄工場 4 年間 ・月山パイロットファームにて農業研修中
						青大豆	500	
						赤かぶ	300	

自身が考える農業経営の課題	目指す農業経営
・出荷意識の向上による単価アップで産地としての地位向上を目指す	・生産，販売だけでなく，生産者の思いや消費者の考えをつなげる農業経営をしたい ・ナシは地元消費が中心であるため，将来的には首都圏への販売をしていきたい
・次世代の農業従事者の育成 ・人と環境にやさしい循環型の農業と安定生産・出荷ができる農業とのバランスをはかる	・家族とともに暮らしていける農業 ・地域農業としては永続可能な仕組みづくりを考え実行していくこと ・消費者と生産者のコミュニケーションを強めること（食育活動） ・働く喜びを一生かけて味わい，それを伝えていくこと
・稲作主体の営農地域のため他作物への取組みに対してあまり熱心でないこと ・後継者が少ないことから今後の休耕地の増加	・JA や直売所などの出荷先については，今後も伸びを期待できると思うが，自分自身も含め，地域内青年部員が 10 名程度と，今後後継者不足をクリアした営農の新しい形が見つけられ，農業が地域に残される産業としていく
・高齢化による担い手不足，または労働力不足を改善するために農業のイメージ改革，高賃金化（そのためには今以上の収入アップ，高い収入を得るためのビジネスモデルの考案）が必要で，若い人材の取込みが一番の課題と考える ・「農作業ってちょっと汚れたり，朝が早かったりするけど，楽しくて稼げる！」のイメージで地域外から呼び込みたい	・地域全員が「地産地消」の意識をもち，「消費者＝高齢者層」中心，「生産者＝若年層」中心という大きな循環の仕組みが確立されれば，地域農業の存続は可能と思う ・そのためには，農協を通した市場出荷のみでは駄目で，大規模産直場が絶対に必要と考える。その建設までのプロセスと経営に携わるのが夢である
・新しい作物（玉ネギ）の規模拡大を考えている	・いろいろな作物をつくって，収穫できないときは市場から買って，漁業と畜産と共同して大型の直売所を出店したい

（表 11-1 のつづき）

塾生番号	性別	年齢	経験	Uターン転職	地区	作物	面積（a）	就農前の略歴
(7)	男	24	4		JAみどり	ナシ	120	・高校卒業後，福島県の農業大学で修学
						水稲	70	
						小菊	30	
(8)	女	24	1	Uターン	JAみどり	水稲	450	・仙台市のデザイン会社でライターとして雑誌等の制作を2年 ・東京で編集の仕事を目指す ・食や農業に興味をもったため神奈川県三浦半島で研修 ・関西方面の農家を飛び込みで回る
						飼料用作物	200	
						ニンニク	2	
						肉用牛	80	
(9)	男	35	2	転職	JAみどり	有機米	670	・静岡市に本社を置く県内の名産品を扱う会社で11年間勤務 ・そのうち8年間を通信販売部門で活動 ・その仕事内容から県内の非農家の知人を得ることができた
						マコモタケ	20	
						庄内柿	20	
(10)	男	33	1	Uターン	JAみどり	水稲	700	・酒田のIT系企業に就職し，1年後東京支店に転勤 ・派遣で大手メーカー系の生産管理システムのプログラミング，設計等に携わる ・勤務地は東京，神奈川，茨城を転々とするが，父の高齢化のため農業に従事するため11年間で退職する
						大豆	120	
						枝豆	80	
(11)	男	31	1	転職	JAみどり（砂丘）	玉ネギ	50	・青果市場で正社員として4年間働き，セリ人免許を取る
						ジャガイモ	50	

出典：JC総研Webサイト「所長の部屋」

(2) 自らの意志で農業経営者の道を選んだ塾生たち

新入塾生たちの年齢やその経歴、あるいは目指そうとしている農業経営の姿は表11－1に示したように多様であるが、いくつかの共通点がある。表を通してその特徴を明らかにしておこう。なお、表で「地区」として「JAみどり」と「JAそでうら」とあるが、JAみどりは酒田平野の水田地帯であり、JAそでうらは日本海に接した広大な砂丘地帯でメロンをはじめとする多彩な野菜、花卉、果樹などの地帯である。

さて、新入塾生たちには次のような特徴がある。

(1) 年齢は多彩であるものの20代後半から30代が多く、農業の経験年数の少ない塾生が多い。

(2) これまでの企業勤めをやめてUターンしたり転職したりして農業を始めた塾生たちが多い。就農前の略歴の欄を見てもらえばわかるように、それなりにきちんとした会社に勤め、そこでかなりしっかりした地位も占めていたにもかかわらずUターンや転職して、新しい農業を目指そうという意欲をもって就農している姿がうかがえる。まだ全員に聞いたわけではないが、入塾式後の懇親会の席上で数人の入塾生に聞いたかぎり、親から命令されたり懇請されて帰農したのではなく、自らの意志で選択したという塾生が圧倒的に多かった。

(3) 経営規模や経営の主力とする作物は多様であり表を見ていただくしかないが、全員に共通していえることは、「自身が考える農業経営の課題」と「目指す農業経営」の欄を見ていただければわかるように、問題意識を明確にもち、経営目標を明確に提示していることである

つまり、自らの意志で農業経営者の道を選び、自らの経営の位置付けを客観化し、地域のなかでの自らの位置付けや経営戦略を明確にして、極めて意欲的である、という共通する特徴を見ることができる。

(3) 塾長としての責任は重い

このように、今年の入塾生たちは、すぐれた農業経営者になろうという意欲に燃えていることが明らかになったのであるが、これからの2年間（実質1年半）の塾生活のなかでどのように伸ばしていくべきか、塾長としての責務の大きさを改めてひしひしと痛感している。これまで以上に努力したい。

(4) 農業への若者たちの参入者は本当に減っているのか——Bottom-up 路線の追求を

さきに、農水省が公表した統計によると、新規学卒を含め青年たちの農業参入は昨年は減少したと報じられていたが、この酒田市農業経営塾生たちの動向を見て、果たして減っているのだろうか、と疑問に感じている。とくに、3・11の東日本大震災を契機に、改めて動向変化がすすんでいるのではないか、と全国各地の動向も見ながら実感を通して感じている。

もちろん、酒田の農民塾の動向は、全国から見れば、ごく微小な動きにすぎないが、全国各地の市町村関係機関、ＪＡ関係者あるいは農業委員会関係者に、こうした新たな農業参入の動きはいかなる状況であるか、ぜひ、その動向と実態を調査し、それにもとづき各地域の農業・農村政策のあり方を再検討していただきたい。今こそ、私のこれまで強調し、追求してきたBottom-up路線が重要である。

4 〈追記〉農業者大学校の今後のあり方に関する意見交換会の開催

上記の会議が２０１０年8月2日に舟山農林水産政務官の出席のもとに、農業者大学校関係者（在学生、同窓会、教育応援団）、学識関係者、㈱農業・食品産業技術総合研究機構農業者大学校、農林水産省（経営局人材育成課）の出席を得て開催された。

いうまでもなく、民主党によるいわゆる事業仕分けにおいて存続の必要なしと判断された農業者大学校の廃校に対して各界からの反対が強いことに配慮して開催されたものである（なお、ＪＣ総研「所長の部屋」第１４６回も参照してほしい）。

その討議の経緯や内容については、ここでは一切ふれないことにする（会議は公開で行われ、会議録も公開されるはずである）。この欄を借りて私の意見の結論のみを述べておきたい。

（1）農業者大学校は存続すべきである。もちろん、必要な改革は行うべきである。
（2）農業者大学校卒業生には明確に資格と称号を与えるべきである。たとえば「高級農業経営技術士」などが考えられる。
（3）都道府県にある農業大学校の卒業生には上記と対応して、たとえば「青年農業経営士」というような称号を全国統一して授与したらどうであろう。

こういうことを提言する理由の背景を簡単に述べておきたい。私の現地実態調査によると、中学校2年の秋から冬にかけて、各中学では進路指導の相談・協議を中学校の担任の先生と親との間で行う事例が多いようである。そのとき、農村地域の親（と子）は、将来、「士」という字がつく職業を希望するのが多いという。たとえば、男子なら建築士、測量士など、女子なら管理栄養士、介護士など。これらの資格（国家資格が多い）があれば、食いはぐれがないという思いが込められているのであろう。

ところで、山形県下のある農村部の中学校の先生から、「農業をやるうえで、資格はいらないのですか？」という質問を受けたことがある。「特別に『農業士』というような資格はいりません。農地法で決められた農地に関する一定の権利（所有権、利用権など）をもっていれば誰でもやれます」と答えたら、その先生は驚きの声をあげた。

農業の分野では、これまでは親の農業を継ぐというシステムであったので、他の産業分野とは異なり、特段、特別の資格（たとえば「士」称号）は必要なかった。しかし、これからの時代はそうであってはならないのではなかろうか。

上記の提案に述べたような称号を次代の農業を担う青年たち（もちろん女性も含む）に与えて農業・農村の活力の源泉にしたい。

それはともかく、近未来（5〜10年後）へ向けての確固とした農業経営者育成戦略を構築すべきであろう。

第12章　農協も地方創生の主役になろう

1　サッカーの戦略に学び、不当な農協攻撃を許さない態勢を

２０１４年の夏は、サッカー熱がわが国はもちろん世界中を覆った。いうまでもなく第20回ワールドカップ（W杯）ブラジル大会があったからだ。しかし、残念ながらわが国代表は予選で敗退したが、サッカー熱だけは大いに盛り上がった。

さて、このサッカーの戦略や戦術を農協（JA）の改革とその活性化に応用できないか、と私は考えている。

(1) サッカーの戦略・戦術をJAの事業推進体制に

昨今は安倍晋三首相のトップダウン式の指令で無謀な農協改革提案が出されているが、こうしたな

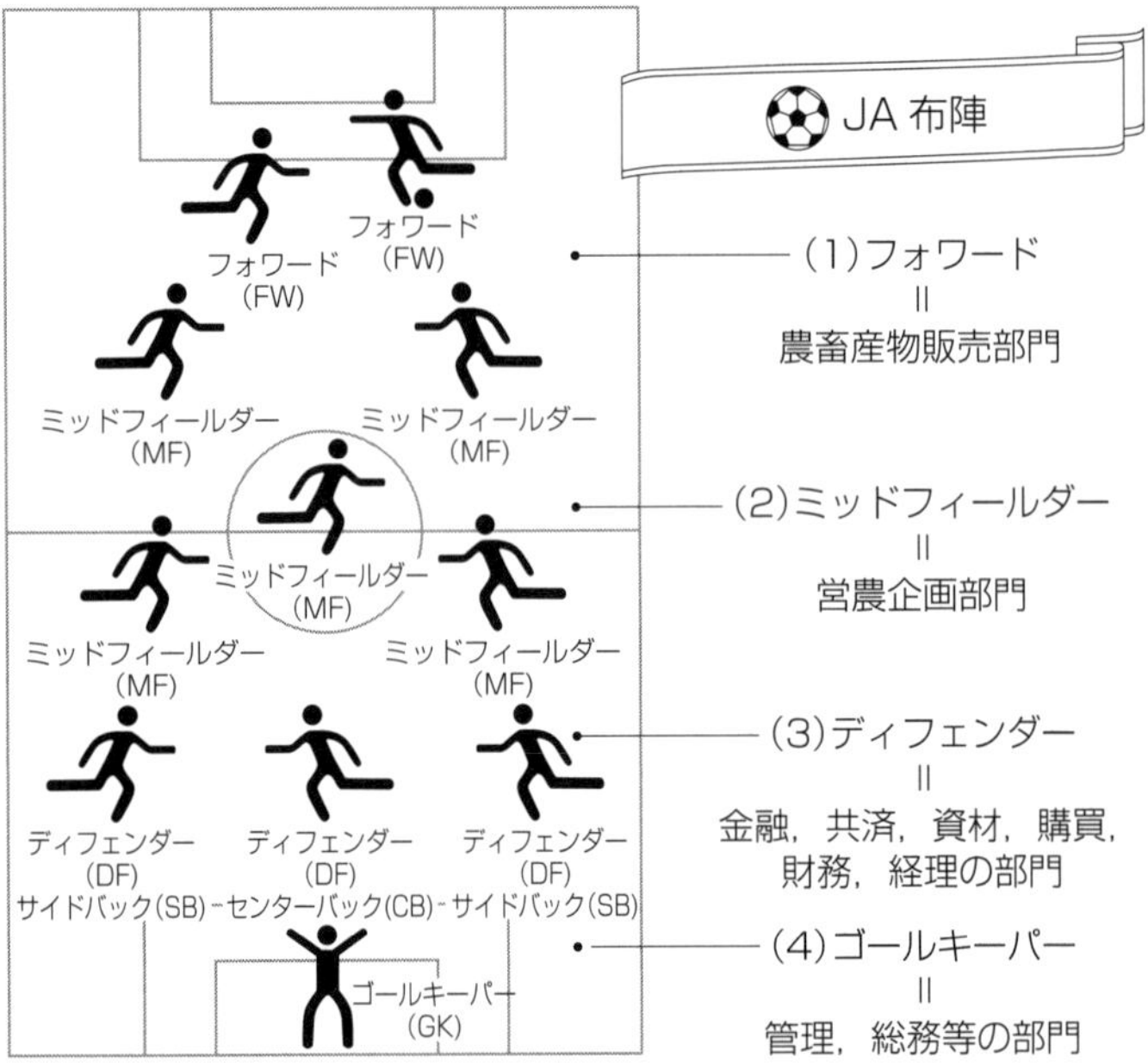

図 12-1　サッカーの基本陣型とJAの望ましい布陣

注：(1) フォワード（FW）＝農畜産物販売部門にあたる。
(2) ミッドフィールダー（MF）＝営農企画部門にあたる。JAでもっとも重要な部門である。
(3) ディフェンダー（DF）＝金融，共済，資材，購買，財務，そして経理部門にあたる。しかし，サイドバック（SB）は状況に即応して両サイドラインを駆け上がり，適切な融資，資材供給等機動力を発揮しなければならない。
(4) ゴールキーパー（GK）＝管理，総務等の部門にあたる。いかに失点を防ぎ，次の攻撃に備えるか。

か、農業・農村の現場に立脚する農協が、サッカーの戦略・戦術を学ぶことを通して、その活力を取り戻し、農業、農村に熱気を吹き込み、その力量を発揮できないだろうかという思いを一層強くしている。

　周知のことであるが、サッカーの通常の基本陣形は、

図12－1に示したように、攻撃の要となるフォワード（FW）が1～2人、試合を組み立てるミッドフィールダー（MF）が5～6人、防御を担うディフェンダー（DF）が3～4人、それに守護神として失点を防ぐゴールキーパー（GK）1人である。

この布陣のなかで、もっとも重要であり勝つための戦略・戦術部門を担うのがMFである。農協になぞらえていえば、営農企画部門にあたる。農業生産に携わる組合員を巧みに組織し、地域農業のあり方、農業生産の方向付け、最新農業技術の注入・伝授、土地利用や施設利用の調整、「老中青婦」の望ましい結合の方策、さらに農畜産物の多彩な加工を含めた「農業6次産業化」への英知と技術の普及など多彩な分野を担当する。要するに、いかに農協管内の活力に満ちた姿を創造するかという重要な部署であり、勝利を実現する実戦に臨む作戦本部でもある。

それを踏まえてFWの役割は、このMFと巧みに連携しつつ、いかに得点して勝利を勝ち取るかに徹底しなければならない。農協では、農畜産物ならびに多彩な6次産業化の成果としての加工品などの販売担当部門にあたる。当然のことではあるが、組合員の汗と涙の結晶である多彩な農畜産物や加工品などを、いかなるルートと手段、手法で最終の消費者に届け、産地銘柄の評価を高め、その成果として生産者組合員の所得確保に努めるかに全力をあげなければならない。つまり、得点を上げなければならないという重い使命をFWは負わされているのである。

DFは、農協の資材、購買、金融、共済、財務・経理などの部署にあたると考える。金融や共済は、組合員の要望と負託に応えつつ、確実、安全な管理、運用を行うことが基本となる。しかし、左右のサイドバック（SB）は、状況に即応してサイドラインを駆け上がりMFやFWに得点のチャンスを与える働きもしなければならない。

たとえば、生産者組合員が緊急に必要とする肥料や種苗あるいは資材の供給を的確に行うとか、緊急を要する組合員への資金供給を適切に実行するなど、つねに機動力を発揮して組合員の活力を促すように対応しなければならない。

GKは、管理や総務などの部門にあたるだろう。いかに失点を防ぎ、次の攻撃への起点となるか。農協にとっても極めて重要な部署であることに変わりはない。

(2) 地域住民をサポーターに組織化し、活力を高める

だが、これだけにとどまらない。さらに重要なことは、サポーター、つまり力強い応援団をいかに増やし、組織化するかにある。つまり、組合員たる農業者、そして准組合員、とりわけ管内の女性の皆さん、そして次代を担う青少年たちをいかに組織化し活力を高めていくかである。

Jリーグのサッカーの試合を観戦すると、女性や若者たちが大勢サポーターとして活躍している

チームは活力に満ちあふれている、ということを想起してほしい。これからの農協は管内の女性の正組合員化、さらに女性役員のさらなる登用とその活躍の場を拡大しなければならない。そして、サポーターに地域の住民や消費者などが重層的に加わることで活力が一段と高まっていくと思う。

一方、JAの組合長はチームの監督であり、専務や常務はコーチの役割に位置付けられる。いずれも、その役割、立場から必勝体制に導くための戦略、戦術そしてチーム編成を熟考し、実践に移さなければならない。

たしかに現代の農協は合併に合併を重ね、かつての面識集団としての特色をかなり失ってきている。しかし、それらを乗り越え、「JAは地域の生命線」を合い言葉に、私の説くサッカー理論を実践の場に移し、勝利の道をぜひとも築き上げてほしいと熱望する。

（3）必勝の体制づくりに中央会組織は不可欠

今、農協改革路線で中央会機能とその組織の廃止が打ち出されているが、私は基本的には反対である。周知のように、サッカーのJリーグはチェアマンをおき、理事会を設置して加盟チームの熱戦の推進をはかっているように、JAのより一層の活動の推進と農村地域振興のためには中央会機能とその組織は欠かせない。JAの必勝体制を実現するうえでは中央会組織とその機能は欠かせない。

2　東アジア（日・中・韓）における農業協同組合運動の将来像を構想するシンポジウムの意義と課題

２０１１年11月10日に開催した「東アジア（日・中・韓）における農業協同組合運動の将来像を構想するシンポジウム」は、２０１１年１月に社団法人ＪＡ総合研究所と財団法人協同組合経営研究所とが合併して社団法人ＪＣ総研が新たに発足したことを記念するとともに、国連の決定した、２０１２年の国際協同組合年に先行する記念行事として開催したものである。また、同協同組合年全国実行委員会の認定企画でもある。

このシンポジウムは、いうまでもなく東アジアモンスーン地帯に位置し、欧米とは異なる歴史と環境を共有する日本・中国・韓国の農業協同組合運動の将来像を構想しようということを意図するものである。

本シンポジウムのような国際会議を開催するにあたっては、時間軸と空間軸という二つの基本視点を的確に踏まえ、論点を明確にすることが大切である。そして農業協同組合運動の到達点とその内包する問題点を明らかにしつつ、近未来へ向けての展望と課題を明確にすることで、３か国それぞれの農業協同組合運動の明日へ向けてのエネルギーの発揮につなげることが求められるものと考えている。

以下、本シンポジウムのコーディネーターを務めた私なりのシンポジウムの意義と課題などについて述べてみたい。

(1) 東アジア3か国の時間軸から見た特質

日本・中国・韓国という東アジア3か国を、時間軸という視点で捉えると、次のような特質ならびに共通項を見出すことができる。

第一に、3か国とも第2次世界大戦後、共通して農地改革を遂行して地主制を解体し、零細ではあるが多数の農民、つまり、直接生産者を創出した。このことは、ほかのアジア諸国では見られなかったすぐれた改革であった。その後の農政の展開と推移は、3か国それぞれで異なった変遷を見せるが、ここではその詳細はふれないことにしよう。

しかし、現状では、農家の兼業化の進展、農業労働力の減少、農業就業人口の高齢化、あるいは農村の都市化の進展など、3か国で多くの共通点をもっている。

また、第二に農業協同組合にかかわる制度や政策についても異なるところも多いが、3か国とも共通して、農業協同組合が農村における有力な組織であるとの認識と実態は共有している。さらに、農業の活性化と農民生活の向上のためには、農業協同組合の役割と機能の向上が必要であることが、共通の認識となっていることは疑いない。

こうした3か国の異なる農業、農政をめぐる歴史ならびに農業協同組合の展開過程、およびその現状を踏まえて、5～10年程度の近未来を射程におきつつ、農業協同組合の望ましい姿と役割、機能を明らかにすることを、本シンポジウムの課題とした。

(2) 東アジアという空間軸の視点から考える

東アジアモンスーン地帯という空間軸の視点からアプローチすることも欠かせない課題であると考える。

今からちょうど100年前に、米国・ウィスコンシン大学のF・H・キング教授が『東亜四千年の永続農業』を公刊した（"Farmers of Forty Centuries of Permanent Agriculture in China, Korea and Japan" F. H. King, D. Sc., Madison, Wis., Mrs. F. H. King, 1911　2009年、農文協より『東アジア四千年の永続農業』〈上・下〉として復刊。杉本俊朗訳、久馬一剛・古沢広祐 解題）。

キング教授は1909年といういまだ交通事情もきびしく不便ななかで、日本、中国、朝鮮半島の農村を自らの足で歩き、その実態と農民のもつ英知を調査した。東アジアでは米国のように大規模ではなく、一人ひとりの農民の耕作規模は小さくとも、同じ土地に定着し、これだけ多数の人口を

400年にもわたって養ってきたその秘密は何か、ということを明らかにした。その調査の結果を一言で要約するならば、キング教授は、人ぷん尿、家畜のふん尿、雑草、水路の泥、ワラや灰などの副産物に至るまで巧みに活用しながら地力を蓄え、農業生産を行う循環農法とすぐれた栽培技術を培ってきたところにある、ということを発見する。

キング教授の指摘するとおり、これら3か国の農法は極めて似ており、日本には中国や朝鮮半島からそれらの農法や栽培技術を学んできたという歴史的経験もある。このような深い結び付きとともに、その共通基盤には稲作がその基本にあり、いずれの国も水田農業に基盤をおく稲作の生産力を向上させることで人口扶養力を高めてきたことをキング教授は明らかにした。教授は帰国後、全精力を傾けて著作の作成にあたったが、刊行を前にして亡くなられ、奥様の名で出版せざるを得なかった。多分、過労がたたったのであろう。

今、地球の温暖化が危惧され、他方では水飢饉や耕地荒廃のなかで飢餓人口の増大が叫ばれ、国際的な穀物価格の高騰と激しい変動が見られているなかで、東アジア3か国の食料はどうなるのか、その基盤となる農業、農村、さらにそれを支えるはずの農業協同組合はいかにあるべきか、いかなる活動と機能が求められているのか、ということが問われている。この課題に対しては、国民・消費者などからも熱いまなざしが向けられており、それに対して、本シンポジウムを通して答える必要があると考えた。

(3)「競」「共」「協」で望ましい路線を

農業協同組合の運動をさらに飛躍的に発展させるうえで、その将来展望を構想するためのキーワードとして、私は「競」「共」「協」をこれまで提唱してきた。かつて、私は『東アジア農業の展開論理』(農山漁村文化協会、1994年)を私の責任編集のもとに公刊した。中国・劉志仁《りゅうしじん》、韓国・金聖昊《きむそんほ》、台湾・羅明哲《らめいてつ》、日本・坪井伸広という各国を代表し得る著名な農業経済学者に参集をお願いして両三度にわたる研究会を積み重ね、各国の食料・農業・農村問題ならびに農政の批判的考察を行い、その研究成果をもとに上記研究書にまとめ、私が総括論文を執筆した。その論文の核心として、私は「競」「共」「協」というキーワードで表現される望ましい路線を提起した。

では、「競」「共」「協」とは何か。

「競」とは、いうまでもなく、現代の社会経済を規定している市場経済原理であり、農業や農業協同組合といえども、この原理を前提として活動、運営されなければならない。

「共」とは、農地、水利、森林、農村景観、農業・農村を取り巻く生物多様性に満ちた環境など、市場経済原理によっては規定や規制のできない、あるいは管理すべきではない豊かな地域諸資源を維持・管理し、伝統文化や技能、芸能などの伝統遺産を維持・保全する地域社会である。

「協」とは、これらを基盤とし、前提としつつ展開する多様な協同組織や農業経営体とその活動である。そのなかで、とくにこれからの時代、重要性を一段と増してくるのが、地域に基盤をもつ、地域に根ざした農業協同組合の組織とその活動である。

このような位置付けが与えられるべき農業協同組合の望ましい姿とその活動ならびに機能はいかにあるべきか、それぞれの3か国のおかれた実情のなかから近未来の姿を提示していただくことが、本シンポジウムのいま一つの大きな課題であった。

1999年7月に、日本においては「食料・農業・農村基本法」が制定され、この法律にもとづき、政策の立案、制定等を行うべき機関として「食料・農業・農村政策審議会」が設置されることになったが、私はその初代会長に内閣総理大臣ならびに農林水産大臣より任命された。そこで、その会長に就任するにあたり、私は2章で述べた5項目にわたる食料・農業・農村政策についての基本スタンスを提示して会長を受諾することとした（17ページ参照）。会長退任後もこの5項目の基本スタンスはなお堅持している。

なかんずく第1項の「農業は生命総合産業であり、農村はその創造の場である」という視点から、食料、農業、農村についての現状把握とそれにもとづく展望を、各国の報告者より報告していただいた。そして、その基盤のうえで、農業協同組合はいかなる活動をしているのか、生命総合産業の展望にいかなる寄与を果たしているのか、大胆に問題提起をしていただいたのではないかと思う。

（4）農業の6次産業化と女性起業の展開

さらに農業協同組合運動の展開のなかで「農業の6次産業化」がいかに進展しているか、あるいはまた「女性起業」が地域を基盤にいかなる展開を見せているか、などについても報告いただきたいことであった。

「農業の6次産業化」という考え方は、私が全国に先がけて1994年に提起したものである。当初は「第1次産業＋第2次産業＋第3次産業＝6次産業」としていたが、3年後に「第1次産業×第2次産業×第3次産業＝6次産業」と改めた。その理由は、農業が消滅すればすべてが終わり、つまり「0×2×3＝0」になってしまうということを強調したかったこと、さらに掛け算にすることによって地域農業、地域社会全体が新たな飛躍を遂げることをねらいとしたためであった。

農業生産に基盤をおきつつ、農産物の多彩な加工（2次産業）を行い、付加価値を付けつつ雇用の場を広げ、所得の拡大をはかり、さらに3次産業つまりマーケティングや販売戦略の改革あるいはグリーン・ツーリズムの推進などを通して、広く消費者、国民に農業の存在意義を日々実感してもらうような路線を理論的、実践的に提起したのである。

日本ではもちろん、中国でも韓国でも、農業・農村における所得の増大、農村の雇用機会の拡大、消費者の求める安全・安心な農畜産物や多彩な加工食品の安定供給に、農業協同組合はいかなる寄与を果たしているか、具体的なその実践の姿についても報告を通して見ることができた。農業の6次産業化の一形態としての「農産物直売所」「農村レストラン」「グリーン・ツーリズム」あるいは多彩な「女性起業」などについても注目すべきである。

3　新時代の創造を目指す女性群像
――JA秋田おばこの斬新な企画、女性大学

秋田県仙北平野を中心に組織されている「JA秋田おばこ」で講演する機会を与えられた。参集し、受講した皆さんは、JA秋田おばこ女性大学の学生、同じくJA青年部の皆さんを中心に一般の組合員、職員など併せて多分300人をはるかに超える方々で会場は埋められていたように思う。そして、私の講演を聞いたこの女性大学の学生の43人の方々から、私の講演に対する感想、講演を聞いたうえで何をなすべきかというような決意、農村女性としてこれからの地域で実践し、実現しなければなら

ない課題、などを書いた感想文が寄せられた。その43人のすべての感想文を紹介することはできないが、おもなものだけ、このあと紹介したい。その紹介に入る前に、女性大学とは何かということについて詳しい趣意書や運営要領などがある。箇条書きの形でその要点を紹介しておきたい。

ＪＡ秋田おばこ女性大学とは何か

（1）ＪＡ秋田おばこ女性大学を平成20年6月に開校。学習の場を通じて管内の女性自らの教養を高め、生活の充実を目指し、農業、生活、文化、福祉、教育などの学習を通じ、新時代を担う女性リーダーを育成することを目的とする。

（2）主催は秋田おばこ農業協同組合、組合長が学長、後援はＪＡ秋田おばこ女性部。

（3）受講対象者は原則としてＪＡ秋田おばこ管内の女性で、定員はおおむね１００人とする（実際の入学生は１３０人）。

（4）受講生より入校料５０００円を徴収。

（5）大学の受講期間は1期2か年。

（6）講義内容は農業・生活・文化・福祉・健康・環境・食育など広範な分野にわたり、2年間でおおむね延べ50時間とする。卒業資格は受講期間を通じ6割以上受講した者に与える。

（7）運営資金は、平成19年度家の光文化賞受賞の副賞320万円とJA負担金1期500万円をあてる。

（8）事務局はJA秋田おばこ生活福祉課におき、管内の子育て団体等のサービスを活用して受講者に託児サービスを提供する。

以上のとおりであるが、私の講演もこの女性大学の講義の一環として行われたものであった。

さて、現在の受講生は定員100人に対して130人とたいへん人気があり定員オーバーとなっている。年齢別におおまかに見ると、50歳代が中心で60歳代前半が多く、40歳代の若い世代や70歳代の高齢技能者もかくしゃくとして勉学に励んでいるようである。

なお、ついでながら述べておくと、JA秋田おばこ管内にはJAの指導する農産物直売所が16もあり、その運営については女性大学生たちが中核となって活動していると聞いている。なお、JA秋田おばこの女性部員数は平成20年10月現在3415人とのことである。

以下、講師の私宛に送られてきた講演についての感想の43通のなかから、いくつか紹介しよう。

女性部はやるべきことがいっぱいある

地域農業改革とむずかしく考えていたが、先生の講演は女性部の一員としていろいろと勉強になる事ばかりですごく良かったと思いました。また機会があったら聞きたいと思います。

　女性部のみんなは、多様な個性に富み、いろんな形で農業や農産加工など活動を地域に推進する、そのためにピンピンコロリ路線の推進をということで高齢技能者を老人ホームに送り込むのではなく、直売活動、コミュニティ活動など、消費者や地域住民との接点を求める活動に、もっている技能を活かしてもらうなどすごく感動しました。また自らの活動を示す肩書きを書いた美しい名刺をみんなでつくろうなど、女性の役割とリーダーシップを活かしがんばらなければと思いました。

ふるさとには宝の山がたんとある

　35ページにもわたる講演資料、少し不安も隠せませんでしたが、先生のお話に徐々に引き込まれ、資料は帰宅してからじっくり読むことにしました。

　農業を天職と思い営んでいる人が、今どれだけいるでしょう。日本の地域農業に未来はあるのか、地産地消が叫ばれて久しいですが、このうねりは、景気低迷の今日にあって、本音と建前が交錯している消費者も少なくないと思います。ただこの農業県秋田においては、確固とした志をもって自給率向上・地産地消を推進していかなければいけないと思います。「ふるさとには宝の山がたんとある」。そうおっしゃった先生の言葉を今またかみしめているところです。

　ピンピンコロリ。人間誰しもが理想とするところです。少しでもそれに近づくべく私たちは今、何をなすべきかを考え、「行動」「チャレンジ」精神で自分自身強く生きたいと思います。Challenge at your own risk. Boys be aggressive. 高校生の娘にどう訳すか問題を出してみました。若い人のみならず中高年者にとっても生き方の指針としたいものです。

高齢技能者よ、がんばろう

先生は、農村の高齢者を「高齢技能者」と呼んできたそうです。隣近所のお母さんたちを見て、なるほどと納得しました。野菜づくりや漬けものなど高齢技能者の活躍の場がいっぱいあり、生き生き生活できる環境が農業、農村にはあります。高齢技能者の皆さんから私のような初心者に指導・助言していただければと思いました。

また、チェンジをチャンスにと、今を新たな飛躍の時と考え、泣き言を言わないことと聞き、前向きにがんばろうと思いました。

女性部との交流をさらにお願いしたい

今村先生の話は本当におもしろかったです。東京大学名誉教授ということでどんな難しい話が出てくるかと思っていましたが、とてもわかりやすく、親切で、また女性にやさしいという印象でした。農業はずいぶん進歩したと思いましたが、まだまだ女の人が難儀をしているなと思いました。大分生まれということですが、秋田のおじいさんみたいで親近感もわきました。講演会のあと、青年部との交流を楽しみにしているとおっしゃっていましたが、女性部との交流もあってもよかったと思いました。

女性が元気なところは地域も元気だ

弱音をはかず何事もチャレンジしていくこと、女性が元気なところは地域全体に活力がみなぎっていること、ピンピンコロリ路線の推進、情報発信のため名刺を作ろう、や、担い手への施策等、お話しのなかでうなずくことばかり多く、吸い込まれていき誘導され、自分でも一歩でも近づけるよう努力していきたいと思いました。女性大学にふさわしい良い講演だったと思います。

直売所の活動でがんばろう

おばあさんたちは知恵のかたまり、器用のかたまりというのを聞いて〝先生はわかっていらっしゃる!〟と思いました。自分の野菜に値をつけるというのが慣れないし、旦那にもいろいろ言われるし、直売所の苦労より家族の中で大変で、話を聞いてほっとしました。

東大の先生というのでむずかしいかなと思いましたが、私たちの気持ちをわかっているし、本筋を簡単にわかりやすく聞いて楽しく過ごしました。

あとがき

私は、農業、農村、農政などにかかわる研究を若いときからすすめてきたが、その基本に「実事求是」（漢書、景十三王伝、河間献王徳）という精神をおいてきた。「実事求是」とは広辞苑（第六版）によれば「事実に即して真理・真実を探求すること」とある。

大学での研究・教育に携わっていた時期（東京大学・日本女子大学）の研究のおもなものについては、『今村奈良臣著作選集』（上・下）として2冊刊行してあるので参照いただきたい（農山漁村文化協会、2003年）。

大学での研究・教育を終えたあと2004年、JA総合研究所（現JC総研）の研究所長となった。就任の際、若い研究員の皆さんに次のような話をした。

「発展性に富む研究所は、内発的創造力、内発的探究心に満ちた研究員のいる研究所である。内発的創造力、内発的探究心とは、今、社会もしくは組織が何をあるいはどういう解決すべき課題を抱えていて、どんな調査研究を必要としているかということを考え、それを自らの研究課題として設定し、解明しようとする研究者の基本姿勢である。研究とは単線的に一気に解答が見出しにくいものが多いが、主体的試行錯誤のうえで、努力を重ねるなかから必ずすぐれた果実が得られるものである。研究者を自認する者はつねに、寝食を忘れても理論仮説、作業（調査）仮説を磨いておかなければならない。そして、その仮説の正当性をいかに実証し、社会に貢献しうる理論化をはかるか、それが研究者の魂である」

このように若い研究者に説くだけでなく、所長として、原則毎週1回「所長の部屋」というコラムをつくり書いてきた。所長在任中に実に211回に及んだ（なお、この「所長の部屋」については、JC総研のwebサイト http://www.jc-so-ken.or.jp/ にアクセスしていただきたい）。この「所長の部屋」は単なるコラムのみではなく、広範に各地で行った実態調査ならびにその理論化に関する論文も含まれている。こういう調査、研究のなかから本書が生まれたと私なりに考えている。本書への収録を快諾いただいたJC総研にお礼申し上げたい。

今村　奈良臣

2015年2月

[著者略歴]

今村　奈良臣（いまむら ならおみ）

東京大学名誉教授。

1934年，大分県に生まれる。

1963年，東京大学大学院博士課程修了，農学博士。68年，信州大学人文学部助教授。74年，東京大学農学部助教授，82年，同教授。94年，東京大学定年退官，名誉教授に。この間，83～85年，米国ウイスコンシン州立大学客員教授。94～2002年，日本女子大学家政学部教授。

日本農業経済学会会長，米価審議会委員，畜産振興審議会会長，農政審議会会長，初代食料・農業・農村政策審議会会長，農林水産省政策評価会座長，JC総研研究所長・特別顧問などを歴任。

現在，東京都農林漁業振興対策審議会会長，(財)都市農山漁村交流活性化機構理事長，全国農産物直売ネットワーク代表，三春農民塾塾長，酒田スーパー農業経営塾塾長，農山漁村文化協会会長などを務める。

主な著書：『補助金と農業・農村』（家の光協会，第20回エコノミスト賞），『揺れ動く家族農業』（柏書房），『国際化時代の日本農業』（農山漁村文化協会），『現代農地政策論』（東京大学出版会），『水利の社会構造』（国連大学・東京大学出版会），『東アジア農業の展開論理』（農山漁村文化協会），『今村奈良臣著作選集　上・下』（農山漁村文化協会）など多数。

私の地方創生論

2015年 3 月20日　第1刷発行

著　者　　今村　奈良臣

発行所　一般社団法人 農山漁村文化協会
郵便番号　107-8668　東京都港区赤坂7丁目6-1
電話 03(3585)1141(営業)　03(3585)1145(編集)
FAX 03(3585)3668　　振替 00120-3-144478
URL http://www.ruralnet.or.jp/

ISBN978-4-540-14252-9
製作／森編集室
<検印廃止>
印刷／㈱光陽メディア

製本／根本製本㈱
Printed in Japan
定価はカバーに表示
乱丁・落丁本はお取り替えいたします。